江苏高校哲学社会科学研究项目《西江苗族民居建筑装配化设计研究》
（项目号：2020SJA1964）

U0170262

黔东南苗族传统建筑文化与保护研究

宗广功　著

中国建材工业出版社

图书在版编目（CIP）数据

黔东南苗族传统建筑文化与保护研究/宗广功著
--北京：中国建材工业出版社，2022.11
ISBN 978-7-5160-3480-4

Ⅰ.①黔… Ⅱ.①宗… Ⅲ.①苗族—建筑文化—研究
—黔东南苗族侗族自治州 Ⅳ.①TU-092.816

中国版本图书馆 CIP 数据核字（2022）第 042537 号

黔东南苗族传统建筑文化与保护研究

Qiandongnan Miaozu Chuantong Jianzhu Wenhua yu Baohu Yanjiu

宗广功　著

出版发行：中国建材工业出版社
地　　址：北京市海淀区三里河路 11 号
邮　　编：100831
经　　销：全国各地新华书店
印　　刷：北京印刷集团有限责任公司
开　　本：710mm×1000mm　1/16
印　　张：8
字　　数：140 千字
版　　次：2022 年 11 月第 1 版
印　　次：2022 年 11 月第 1 次
定　　价：49.80 元

前言

　　在中国广袤的大地上，历代劳动人民通过勤勤恳恳的劳动，缔造出多元而又璀璨的文化体系。中国各民族优良的传统文化融合于传统的农耕制造、生活习性、风土民情等多种形式之中。文化内涵与物质基础密不可分，表象的文化是社会形态的写照。中国在改革开放、城乡一体化、经济全球化大背景下经历了翻天覆地的变化。物质基础的改变使得全国各族人民不再以"农业"作为唯一的安身立命之本，社会经济结构的多元化，为广大人民群众提供了更多的就业机会与更宽广的视野。与此同时，人们的审美认知相对于传统的观念也同样发生了巨大的革新。

　　受多元文化的感染，当人们回顾以往的文化认知时，不免会有一种矛盾的心态。以往的文化特点够不够现代？以往的生活习性符不符合当前的需求？以往的经验要不要保留？中国作为世界上城市化进程最快的国家之一，快速的城市化造成当前中国各大城市面貌雷同的现象。"千城一面"的概念过去多出现在理论探讨层面，但现实生活中我们却能真切地感受到。一个有内涵的城市，才是一个能持续彰显生命力的城市，才能够为国家的大力发展带来持续的文化补给。

　　语言的多样性也是彰显中国特色文化的一个重要途径，对各民族语言进行收集、认定与备案现已成为一个有价值的研究方向。中国传统建筑领域同样存在以上情形，如何弘扬中国传统建筑文化并实现有效保护与传承，对文化原型特质与内涵的整理与甄别也尤为重要。中国文化的迭代与更新需要建立在传统特色文化基础上，只有饱含中国特色的文化，才能够彰显中国独特的魅力。历朝历代，中国传统建筑都与统治者息息相关，对彰显综合国力具有极为重要的作用。少数民族原真性的传统建筑文化对丰富中国传统文化的多样性也同样重要。

苗族作为中国多民族家庭的一大组成部分，其独特的建筑文化、服饰文化、语言文化、饮食文化等都可谓国之瑰宝。为了有效保护少数民族传统文化，国家出台了一系列政策。少数民族传统文化，涉及物质和非物质文化遗产，作为物质文化遗产的实体建筑及作为非物质文化遗产的建筑营造技艺都具有极大的保护意义。

笔者通过多年实地调研，结合国家对传统村落的保护实践，对建筑文化遗产进行挖掘。在乡村振兴的大背景下立足苗族传统建筑开展研究，试图厘清传统建筑文化特质，并在传统与现代之间搭建桥梁，实现传统建筑文化合情、合理地延续。西江千户苗寨作为国家对西部少数民族村落实施经济振兴的典型案例，是笔者重点关注的地域。通过对业内相关研究进行了解，认清相关研究进展的程度与研究空白，并对苗族多元的文化体制进行分析，试图明确造就苗族建筑特色的文化特性，随后通过对苗族建筑特色的剖析，完成苗族建筑内涵的深入认知。在苗族传统建筑的保护方面，结合实地调研完成苗族传统建筑的保护策略探究。

本书在编写过程中，哈尔滨师范大学施鹤芳，扬州大学鲁若阳、石丽丽在原始资料采集和相关文献、书籍查阅及图片修正等方面提供了大力支持，在此表示感谢。

由于写作时间仓促，疏漏在所难免，不当之处恳请大家指正。

著　者

2022 年 5 月

目　录

1

绪　论

几千年的农耕文化，在中国广袤的土地上孕育了 56 个各具特色的民族。在朝代更迭的过程中，建筑作为民族文化的物化，是推动中国多元文化不断演变的重要载体。作为一个农业大国，中国各地的民族聚落展现出各个民族丰富多彩的地方文化。然而，经济社会发展带来的中心城市虹吸效应，打断了中国传统农耕文化延续的链条。中国经济结构的快速转型，加上国际贸易的快速集群化以及农村劳动力向大城市的快速转移，导致农村生产、生活模式和人员结构产生了前所未有的变化。承载中国地域文化的传统村落也因人口大规模外流造成了消弭的局面。由于缺乏定期维护，村庄的建筑逐渐损坏或倒塌，直至最终消失。

对于传统村落的保护，2013 年国内专家学者的呼声很高，他们对传统村落的价值评估和保护策略进行了系统论证。2012 年 9 月 25 日，传统村落保护和发展专家委员会在北京成立。2013 年 6 月 4 日，传统村落保护与发展研究中心在天津成立。这些举措意味着中国传统村落保护进入了一个新的阶段。2014 年以来，有关职能部门提出了一系列关于保护中国传统村落的指导意见，并制定了相应的法律法规，进一步推动传统村落保护工作向更加科学高效的水平发展。随后，"旅游扶贫""乡村振兴"等政策的深化也逐渐为中国传统村落的复兴带来新的动力。

苗族作为中国的少数民族之一，在展示中国少数民族特色文化方面发挥着重要作用。苗族传统建筑有着非常独特的建筑风格和完整的建筑体系，是世界建筑艺术宝库中的一颗璀璨明珠。然而，随着现代城市化进程的推进，苗族传统建筑的延续性面临巨大的挑战。另外，由于苗族建筑的生态价值和经济价值没有得到广大人民群众的认可，苗族原型建筑遭到了很大的破坏，使得原有的建筑形式逐渐被废弃，出现类似中国城市区域"千城一面"的尴尬局面。此外，在国家管理法规的推动下，苗族传统建筑被纳入文物保护的范围，但由于保护单位采用的保护方法缺乏适宜性，常常忽视文物保护的整体协调性，从而进一步导致了原有建筑生态链的断裂。

贵州省总面积约 17.65 万 km^2，位于中国西南部的心脏地带，地处四川盆地和广西丘陵之间的喀斯特山脉。其地形变化复杂，四面环山，公路运输等基础设施相对落后。由于封闭的交通条件，该地区很少受到外界文化的干扰，使得其民族传统文化几乎被完全继承下来，处处体现着丰富而朴素的地域特色。在中国前三次公布的传统村落名单中，仅黔东南地区传统村落的占比就达到了入选村落总数的35％。在中国传统村落迅速消亡的今天，仅存的传统村落已逐渐演变为中国特色文化的重要组成部分。位于贵州省东南部的西江千户苗寨，是在贵州旅游业大力发展背景下引起世界范围内广泛关注的传统村落之一。

　　黔东南西江千户苗寨在中国少数民族村落中具有鲜明的特色。村寨依山傍水，与周围环境融为一体。随着近年来乡村旅游的快速发展，整个村庄面临着更多的发展机遇。村寨居民生产生活方式的变化不仅对苗族村寨的空间形态产生了很大的影响，也影响了整个村落未来的发展模式和方向。苗族文化习俗之所以能够流传几千年，主要是因为它蕴含着特定的文化内涵，符合人们的生活，特别是迎合苗族传统建筑所要求的价值取向。居住在黔东南的居民把建筑视为他们生活中最有价值的东西，而且整个建造过程非常神圣。在黔东南苗族民歌中，不难发现苗族深厚的文化底蕴，包括人们对美好生活的向往、丰富的民俗礼仪和审美文化，以及对家族生存和繁衍祈祷的生命意志。

　　西江苗寨的特色文化源于当地人的生活实践和创造。随着西江苗寨逐步融入现代国民经济体系中，传统产业、生活观念和主体地位的变化无疑对西江传统文化的"原真性"造成了很大的影响。因此，对西江苗寨建筑文脉的研究成为一项迫在眉睫的任务。本书以建筑文化为切入点，对西江苗寨传统建筑文化特质及其保护策略进行研究和分析。

　　本书的主要研究内容包括：①立足西江苗寨的历史发展脉络和地理环境，凝练西江苗寨特色文化的主要方面；②分析影响西江苗寨传统建筑特色延续的有害因素；③研究西江苗寨建筑文化有效传承和保护的策略。本书结合西江苗寨的具体实际，通过研究和探讨，试图从管理模式和技术方法上提出有针对性的建议，促进西江苗寨在开发过程中相关发展战略方向的优化。

　　总之，对中国传统村落开展研究，既有利于边远落后地区少数民族村落的保护与发展，也对弘扬中国多元文化特色、增强民族文化自信具有重要意义。

1.1

研究现状

将我国少数民族建筑作为一个专门研究领域的时间并不长。当传统村落的衰落引起国家层面的高度重视时，相关的研究成果便会不断涌现，并逐步走向体系化、多维化。

1.1.1　国内相关研究

苗族传统建筑是我国传统建筑体系中一个尤为重要且独具一格的组成部分，近年来，关于苗族建筑的相关研究从来没有停止过。

1. 专家学者的关注

梁思成先生在 50 多年前就指出："近年来，中国生活在剧烈的变化中趋向西化，社会对于中国固有的建筑多加以普遍的摧残。"始于 20 世纪 90 年代的"旧城改造"运动，已经将中国大地上 600 多座城市的历史面貌几近抹去。对于中国传统古迹的保护探讨，一直是一个大家热切谈论的话题。

我国传统村落的开发是从 20 世纪八九十年代以后顺应我国旅游业的迅速发展开始的。传统村落的保护与发展利用研究伴随着传统村落开发的历程，经历了一个由浅入深，由理论研究到实践探索，由整顿村容村貌、改善生态环境为主要整治规划内容的发展初期，进入到注重历史文化保护与传承的精品塑造完善时期的过程，但是也逐渐导致了诸多制约要素和不足地方的显现。

在国内，与乡村景观相关的研究开始于 20 世纪 80 年代，在随后城镇现代化、工业化的发展过程中，主导城镇发展的这些活动带来了乡村文化破坏等问题，人们的视线开始从城市转向乡村，对乡村的研究逐渐深入。

目前我国对传统村落保护的研究，多限于对乡土建筑等实体的保护，而忽略了民风民俗、传统生产生活方式等非物质文化遗产保护的重要性，保护实践多采用静态的保护模式，忽略了结合村落动态发展的实际对传统村落整治规划的研究，反而侧重于个别案例的分析研究，对基础理论的系统研究较少。因此，在传统村落的保护与发展利用的过程中，大量不科学的决策对传统村落造成了毁灭性、不可挽回的伤害。

2. 国家政策上的调整

《中共中央/国务院在关于推进社会主义新农村建设的若干意见》中提出了加强村庄规划和人居环境整治的重要任务，强调村庄的整治要突出民族、地域以及乡村特色，注重保护有历史文化价值的传统村落和乡土民居，标志着对于中国传统村落的保护逐步上升至政治决策层面。

2012 年 4 月，住房城乡建设部、财政部、文化部及国家文物局发布《关于开展传统村落调查的通知》，在全国范围内开展传统村落的调查。2012 年 9 月 25 日，由三部一局联合成立的传统村落保护和发展专家委员会在北京成立，共有 26 名相关学者专家受聘为专家委员会委员，冯骥才担任主任委员，标志着我国传统村落保护工作正式启动。

依据党中央给出的各项指数，为更好地保护我国的文化遗产，住房城乡建设部、文化部、财政部等部门于 2012 年 4 月联合发起了"中国传统村落"调查和评选工作，并制定标准和实施细则。评选出第一批 646 个、第二批 915 个、第三批 994 个中国现存传统村落，分别于 2012 年 12 月、2013 年 8 月、2014 年 11 月公布。从 2006 年开始，我国把每年 6 月的第 2 个星期六确定为"中国文化遗产日"，目的是增强普通民众对民族文化遗产的保护意识。

现有的《文物保护法》《国家历史文化名城名镇名村条例》《村庄整治技术规范》没有对传统村落的保护进行明确的要求与相关规定。在我国，村镇的自然景观遗产、生态环境遗产划归自然环境部管理，规划建设由住房城乡建设部管理，非物质文化遗产由文化和旅游部管理，物质文化遗产由文物局负责。

有些省份也积极开展了本省的文化遗产保护工作。比如，2011 年 1 月 1 日，江苏苏州颁布实施了《苏州市城乡规划条例》。其中专门设立一章对苏州市传统村落保护进行了具体规定。保护的内容包括传统村落的风水格局、乡土建筑、文物古迹等。

近些年，对于西江苗寨的研究引起了国内许多专家学者的注意，并出版多本著作，如《少数民族准则：中国文化政治中的苗族和女性》《西江苗族妇女口述史研究》《千家苗寨的故事》《中国的千户苗寨——西江》《西江千户苗寨历史与文化》等。与苗族建筑直接相关的著作有李先逵的《干栏式苗居建筑》、高培的《中国千户苗寨建筑空间匠意》、张欣的《苗族吊脚楼传统营造技艺》、汤诗旷的《苗族传统民居特征与文化探源》等。

1.1.2 国外相关研究

国外对传统村落的相关研究较早，且主要从传统村落文化、传统村落可持续发展、传统村落景观等方面开展研究。对传统村落的保护在国外也是广泛关注的领域，国际保护组织积极推进村落保护工作。1964 年，国际文化财产保护与修复中心通过的《国际古迹保护与修复宪章》即《威尼斯宪章》指出文物古迹"不仅包括单个建筑物，而且包括能够从中找出一种独特的文明、一种有意义的发展或一个历史事件见证的城市或乡村环境"。国外对传统村落的保护意识由来已久，不仅建立了系统的法律体系，在现实的保护实践中也卓有成效。

1. 系统到位的法律体系

在国际范围内，以法国、日本等国家为代表的村落法律保障措施建设，起到表率作用。19 世纪，法国积极开展文化遗产相关的保护运动，经过不断发展，已逐渐形成了完整的城市历史文化保护的法律体系。1887 年，法国政府通过了《历史性建筑法案》，此法规加强了法国政府保护历史性建筑的权力。1913 年，法国政府通过了《历史古迹法》。1943 年 2 月，法国政府颁布了《历史性建筑环境保护法》。1962 年 8 月，法国召开第一届古城肌理保护会议并通过和实施《马尔罗法规》和《保护区法规》。此次立法是针对传统村落等文化遗产首次开展的立法活动，对此后法国的发展产生了广泛的影响，文化遗产保护意识逐步深入人心。在具体的保护对象上，不再局限于局部个体的保护而转为对区域的整体保护，具有划时代的意义。

在村落保护研究领域，日本也是较早涉足的国家，并且积极推进了国家村落保护相关的法律制度建设。1919 年通过的《古迹名胜天然纪念物保护法》及 1929 年通过的《国宝保护法》，在 1952 年综合成为《文物保护法》。关于古都文化古迹的保护范围，1966 年通过的《古都保护法》也扩张到对古迹周围的环境以及文物连片地区的整体环境保护。这时，日本也由单体建筑的保护扩展到历史地段的保护。在文化遗产乃至村落保护方面，日本的重视力度位于世界前列。

2. 卓有成效的保护业绩

美国 Springvale 的村落规划中指出，保护传统村落的历史风貌，完善村落格局，注重保护乡土建筑。Smyre 村庄在规划中，阻止周边地区建设项目的开发，以保护村庄中用第一次世界大战军队帐篷所建成的绿色家园。2008 年，

Fry town的村落规划强调村落新建区必须与村落传统风貌相协调。澳大利亚 Kelvin Grove 乡村规划中规定新建建筑形式必须尊重传统建筑的历史形式，规划明确规定新建建筑高度不能破坏村落整体风貌特色。日本在新农村建设过程中，注重将村落优美的自然景观、农村的乡土文化与现代化农业相结合。规划以既保留村落传统风情，又体现出现代农村特色为发展原则，追求人与自然的和谐。

　　对于传统村落的研究和保护，国内外专家学者及各科研机构都在不断根据本国实际情况进行积极思考和探索。传统村落的保护，是一个动态发展演变的过程，对于具体的保护案例还需要在各国各机构相互交流借鉴经验的基础上有效推进。

1.2
研究背景

1.2.1 时代背景

对于传统村落的相关领域，国内的专家学者进行了广泛的关注和研究，当下的国人也开始重新审视在高度经济化的今天，什么是我们的特色？什么是我们应该关注保留和珍惜的东西？在高楼大厦如雨后春笋般崛起的背后，进一步烘托出来的是那些有着浓郁家乡情结中国人的文化寻根热潮。

根据国家统计局统计，2020 年我国的人均 GDP 约为 10500 美元，广东地区GDP 约 11.08 万亿元。目前，全国已有北京、上海、天津等 16 个城市迈入GDP "万亿美元俱乐部"。如此经济状态之下的中国，举国上下掀起了 "城市热" 的建设浪潮。在中国的 360 个县级市，有 328 个城市争创世界大都市。面对如此新鲜的城市建筑，穿梭于其中的人口数量在不断增加，作为外来务工人员因在外奔波，反而缺乏幸福感。如此新鲜的城市，快速地形成和消亡，给人们带来的不是感情上的依附，而是更多的空虚。

重返故乡的情结，在中国人的心中尤其突出。从以上事例中我们可以看出，当前时代特征下中国人心中充斥着自我文化寻根的热情。

1.2.2 政策背景

中国高速的城市化进程，催生国民经济繁荣的同时，也基于和谐社会的构建，开始在国家发展的政策上逐步向农村发展倾斜，并推出一系列 "惠民" 政策。1950 年，党中央在制定 "二五" "三五" 计划时就提出了 "社会主义新农村建设" 口号。2009 年，党中央制定一系列促进农村农业发展与农民增收的若干意见。2010 年，党中央为农村发展程度的进一步提高，提出加大统筹城乡发展力度，夯实发展基础的指导意。这一系列举措标志着国家政策从偏向城市转向城乡并重、城乡统筹发展的新阶段。

第十届全国人民代表大会常务委员会第十九次会议表决废止了农业税。整个农村经济体出现欣欣向荣的局面，农民不再担负农业税的压力，家庭产业也不再受土地的限制，开始大刀阔斧地做事业，有经商头脑的人开始充分发挥自身的优势进行创业生产，使得经济来源结构得以优化，这些改变所带来的是人们生活质量的提升与观念的更新。

随着中国农村"路路通"工程的逐步实施，农村基础设施得到不断优化。在少数民族居住的地区，那些原本可进入性差的区域，在国家发展政策的引导下逐步进入社会大众的视野。这为本书所探讨的传统村落发展问题提供了政策上的铺垫，对农村创业者的扶持力度也进一步加大。根据情况对返乡创业者参加创业培训给予补贴，积极为农民创业者提供有效的创业帮扶策略，如开业指导、小额贷款、政策咨询等服务。西江地区针对农民的贷款政策逐步放宽，从 2001 年的 2 万元抵押贷款到 2013 年的 10 万元无抵押贷款，可谓是为农村的发展注入了新的活力。

"十二五"期间，党中央对"强农惠农，加快社会主义新农村建设"工作重点进行再次深化，把"提高农业现代化水平和农民生活水平，建设农民幸福生活的美好家园"作为工作目标，并制定"建设社会主义新农村"这一战略部署。随后习近平总书记在党的十九大报告中明确提出"乡村振兴战略"，并在"十三五"期间引领我国农村建设进入深化改革阶段。传统村落如何在改善人居环境，实现城乡统筹的同时，又能保持传统聚落的优质基因，是我们必须要面对和尽快解决的难题。

1.2.3　实际状况

2000 年，中国自然村总数为 363 万个，2010 年仅剩 271 万个，10 年之间减少了 90 万个。2012 年自然村总数为 230 万个，仅两年间又减少了 31 万个，而且这些消失的自然村落中包括大批历史悠久的传统村落。据统计，2012 年我国现存 11567 个具有传统性质的村落，其中被公布为第一批的中国传统村落仅剩 646 个。

在以往"桃花源"似的封闭发展期，西江千户苗寨的居民一直过着自给自足的乡村生活。为了更好地促进偏远地区少数民族部落的发展，提升村民生活质量，当地政府大力发展以地域文化为特色的第三产业——旅游业。在国家新农村建设的浪潮下，实行以旅游业盘活偏远落后地区的政策，取得显著的成绩。西江千户苗寨在新政策的激励下，首当其冲地处在乡村经济发展的最前列。浓郁的地方特色，淳朴的乡村风情，加上政府政策的催化，使得近年来西江千户苗寨的经济得到井喷似的发展。

正如国外学者 R. Fox 所说，旅游是一把火，可以煮熟你的饭，也可以烧掉你的屋。快速发展的旅游业，带来实实在在的经济增长的同时，也不可避免地产生较大的负面影响。

（1）受限于地理位置，主干道上的居民家庭支柱产业基本以商铺生意或出租商铺为主，村落边缘地区的居民则只能为商户打工或去外地打工，直接拉大了村落居民的贫富差距。地理位置的优越与否体现在村落整体的建筑布局上，则是核心地带快速的建筑更新，而边缘地区居民的居住环境很少得到改善，甚至有些民居建筑因常年无人居住而倒塌。据不完全调查，超过 45% 的当地居民年纯收入能达到 2 万 ~5 万元，甚至有 10% 左右的居民年收入超过 5 万元。但随着旅游业的发展，西江苗寨的经济收益出现了从核心区到过渡区再到边缘区严重分化的趋势。目前，位于核心区的民居建筑，由于旅游业的发展均被翻新重建，并且都以商业经营为主，保留下来的传统民居少之又少，而过渡区及外围区依旧以传统民居建筑为主。

（2）在政府政策的鼓励下，积极引进外来投资商，寨内的常住居民不再和以往一样，大多数居民是苗族人。这种变化所带来的是对苗族文化的不熟悉和不尊重，进而不遵循苗族村寨原有的传统礼制，对西江的风土文化造成直接性的冲击。以传统节日为例，在以往西江苗寨村民一般在吃新节或 13 年一次的苗年等重大节日才举行鼓乐吹打活动，如今却迫于投资商和政府的压力，不得不屈从于经济的发展，而更改为天天演奏，这直接冲淡了苗寨人民强烈的节日意识。

（3）村民的视野得到开阔，不再有以往深居山林的小农小户意识。尤其是在外打工赚得丰厚资金的农户，在对民居建筑修缮的过程中，直接采用新式的混凝土、砖瓦材料进行房屋主体搭建，外墙采用木板进行遮盖修饰，整体效果颇显突兀、另类，与传统的村落建筑形制产生强烈的违和感。加之当地主管部门在管理措施上的欠缺，相应的制度体系不够完善，无形之中为村落特色的传承埋下不可估量的隐患。

（4）村寨本身也存在许多问题。不论是民族文化的核心价值观，还是一些朴素美好的文化价值观在村寨人民心中都发生了明显的退化，这些问题反映在实际的村落建筑上，无形之中严重影响了村寨的形象。房屋内部的空间格局划分也同样为了获取更多的商业利益而产生巨大革新。

在现代经济的冲击下，西江苗寨约定俗成的传统习性显得不堪一击，进而使村民乱了阵脚。多数村寨居民的居住条件并未在经济水平提升的过程中得到显著改善。相反，由于轻易地放弃了传统住居形制却又未能找到更好的替代方式，使现实情况变得更为糟糕。如此现象，在中国传统村落发展的过程中可谓是一种通病。

当前，西江千户苗寨得到了充分的发展，村寨居民实实在在地享受到生活美好的同时，也有更多的人清醒地意识到，西江苗寨的快速发展完全取决于其特色的传统文化和颇具民风的建筑特色。在如此激荡的时代面前，如果不能很好地保护和传承自身特色，西江苗寨会在不久的将来荡然无存。

西江苗寨的传统景观、朴实和谐的民居建筑在不合理的更新措施下，极易走向消亡。取材于自然、由村民精细规划的传统村落，被现代的新型材料和新式工艺技法所革新。在居民生活质量提升的背后，衍生出乡土文化濒于消亡的危机。传统村落的研究不应该仅仅停留在原始资料的记录、梳理或"静态"层面的保护。我们都不愿面对这样的结果：相关研究论文愈来愈多，而作为研究对象的传统民居和聚落愈见稀少，更不愿面对传统村落的保护以牺牲居民的富裕为代价。因此，传统村落如何传承、如何发展，已成为一个迫在眉睫、亟待探讨和解决的问题。

1.3

西江苗寨概况

1.3.1 自然环境

　　黔东南地区的气候类型属于明显的亚热带季风山地气候，地理纬度低，每年冬季气温低，夏季气温高，温度曲线的年际变化很大，但是其年平均气温在14℃左右。黔东南地区气候湿润，相对湿度大，年平均降雨量约1000mm。

　　黔东南地区处于过渡性斜坡地带，其境内地层条件比较古老，虽然黔东南地质运动比较多，河流深切和沟蚀等地质现象十分普遍，但是也有很多山地保存完好，而且呈现出绵延不断的侵蚀地貌景观。比如雅鲁藏布大峡谷，西高东低，其斜向结构保存完整，地势高耸，加之各类河流不断冲刷，因此形成了大峡谷。

　　黔东南苗侗聚落便是在这样的地形条件下形成并且发展起来的，成为苗侗聚落构成的典型代表。黔东南地区水资源丰富，有些水资源存在于岩石表层，裂隙之间的含水量丰富、均匀，而且地下水埋藏比较浅，因而能够使地面经常保持良好的润湿状态，这种情况有利于黔东南地区动物和植物的生存。黔东南雷山县具有更好的植被覆盖，山体蓄水能力强，基本上可以满足人畜饮水和农田灌溉、渔业生产的要求。

1.3.2 地理区位

　　西江千户苗寨处于云贵高原向湖南、广西低山丘陵过渡的阶梯状大斜坡地带。山地受剧烈地质活动的影响，姿态万千、森林密布。白水河发源于山涧，在村落之间蜿蜒穿过。西江苗寨全貌如图1-1所示。

　　西江千户苗寨坐落在最高海拔2178.45m的雷公山山麓，属于贵州省黔东南苗族侗族自治州雷山县的西江镇，距离县城36km，距离黔东南州州府凯里35km，距离省会贵阳市约260km。闭塞的生态环境，为西江苗寨文化的纯粹性提供了有力保证。西江地理区域如图1-2所示。

图 1-1   西江苗寨全貌

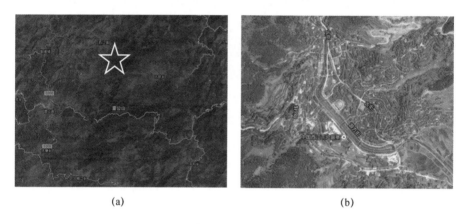

(a)   (b)

图 1-2   西江地理区域

具体到西江千户苗寨，其地处北热带，属亚热带湿润山地季风气候，年降水量 1300~1500mm，年平均气温 14~16℃，冬无严寒，夏无酷暑。如此温和宜人的环境氛围，不断深化着西江居民对乡村生活实践的认知与探索。

1.3.3   精神信仰

图腾崇拜是把一种相对特定的事物视作本民族重要性的文化，这种崇拜行为的产生源于该事物与少数民族有亲属关系或者其他特殊的关系，是一种原始宗教信仰的最初表现形式。黔东南苗族最主要的图腾崇拜是枫树崇拜，相信万物都有感情。黔东南苗族崇拜枫树，从黔东南苗族的民歌与传说当中可以看出，他们把枫树比作一种孕育生命的祖先。

1.3.4　人员构成

西江千户苗寨由十余个依山傍水的自然村寨相连而成。在村寨政府主导的聚拢规划初期，村寨共有住户 1258 户，5326 人。根据当地村委会提供的信息，随着西江的开发和外来人口的进入，西江现有住户 1600 多户，共 6000 多人，是中国乃至世界屈指可数的大规模苗族聚居村寨。在规划前期，寨内居民总数中苗族人口占 99%，为此定名"苗族村寨"。据史料推断，西江苗族人民都属于西氏族的后裔，相传在 600 多年前，由始祖构寅、构卯兄弟率族人于此地建寨。氏族壮大后，按宗族或姓氏进行划分，分居别乡，逐步形成当今的规模。

1.3.5　经济结构

西江传统的经济来源以土地耕作、牲畜饲养为主。在农闲时节，有一技之长的农户则辅以银饰加工、房屋建造、鼓吹器乐等作为额外营生。确立以旅游业拉动区域经济增长的政策之后，在政府的大力支持和整体管控下，西江的经济结构演变为以商业旅游为主导的经济模式。根据贵州师范大学旅游研究所的调研数据显示，在贵州省第三届旅游产业发展大会之后，西江的经济发展出现了如下情形。

（1）入西江境内的旅游人次呈现"井喷式"增长。2008—2017 年，西江千户苗寨的游客数量从 78 万人增加到 600 多万人，旅游综合收入从不足 1 亿元增加到 49.91 亿元，分别增长了 7.6 倍和 49 倍。

（2）税收额度翻了十几番，2008 年税收仅 10 多万元，截至 2018 年年底，西江千户苗寨景区旅游人次高达 1177.44 万人次，累计综合营业额高达 100.08 亿元。根据调查发现，西江苗寨旅游区的税收额度为西江地区乃至整个黔东南地区最高的区域。

1.4
研究内容、研究方法与结构框架

　　本书主要基于国内现有的学术研究成果，以黔东南苗族独具特色的民族文化作为研究背景，结合建筑学与民族学的相关论著，探析黔东南苗族传统建筑的形制特征与文化内涵，进一步探讨对传统建筑保护策略的相关论述。

1.4.1　研究内容

　　（1）立足西江苗寨的历史发展脉络与地理环境，探析西江千户苗寨特色文化的主要组成要素。

　　（2）分析影响西江苗寨传统建筑特色延续的弊害因素。

　　（3）研究促进西江建筑文化有效传承和保护的策略。

1.4.2　研究方法

1. 文献查阅法

　　对于西江的研究，近些年来有很多专家学者参与其中，并提供了许多宝贵的资料。关于西江苗寨的研究，相关专著包括《西江苗族妇女口述史研究》《千家苗寨的故事》《中国的千户苗寨——西江》《西江千户苗寨历史与文化》等，通过相关文献的查阅可以对西江千户苗寨有较全面的认识。

2. 实地调研法

　　西江深居内陆，其文化有着很强的地域性，加上与周边文化交流极少，缺少文化共性。通过对当地居民现状、建筑现状等相关方面的实地问询、考察、勘测，能够更好地认识西江的现状及存在的问题，采集更多西江的资料，加以研究。

3. 问卷调查法

　　中国的发展是各民族共同参与的发展，西江日益兴盛的旅游业使其处在国民认识和讨论的前沿。本书在全国范围内开展问卷调查，以对西江所存在的问题从更广泛的领域获得有效的认识。

1.4.3 结构框架

黔东南苗族传统建筑文化与保护研究结构框架如图 1-3 所示。

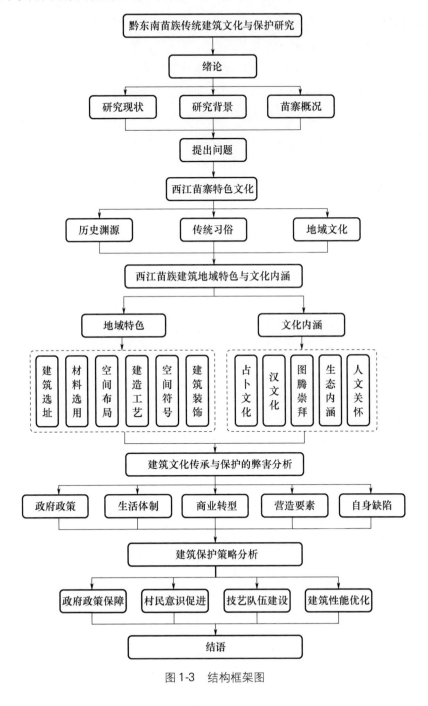

图 1-3 结构框架图

小结

　　苗族作为中国大家庭的一个组成部分，其独特的服饰文化、建筑文化、节庆文化等是构成中国物质与非物质文化遗产体系的重要部分。西江千户苗寨作为中国乃至世界上最大的苗族聚落，其形成、发展与地理环境、人文风貌、生活习性等有着密不可分的联系。对于苗族传统建筑的研究，以日本学者鸟居龙藏，中国学者李先逵、黄才贵等为代表，针对苗族建筑的文化内涵、演变历程进行了重要梳理，且结合日本的干栏（阑）式建筑做了全面的对比分析。随着国家层面针对传统文化挖掘的逐步深入，苗族传统建筑将发展成一项重要的研究任务。所以，如果基于苗族建筑与文化的原型特质，对苗族传统建筑建立有效的保护与传承机制，需要结合建筑学、民族学、人类学、材料学等多门学科进行系统性的探究，实现对中国建筑遗产切实可行的保护。

2

西江苗寨特色文化

　　黔东南苗族聚落的形成有多种版本的记载。相传，殷周时期，黔东南苗族的祖先居住在中国湖南长沙地区。宋代，当大多数苗族祖先开始在云南定居时，少数分支迁移到雅鲁藏布江流域。此外，战争使他们失去了大量的耕地，但正是由于这些原因，黔东南苗族居民经历了多次迁徙活动。然而，那些居住在黔东南地区的苗族人却长期生活在深山密林中，并一直保持着自给自足的状态，一些偏远地区的居民仍然生活在刀耕火种的原始农作生活中，经济收入来源单一且增长缓慢。直到1950年，大量苗族传统聚落才逐渐进入公众视野，并随着经济的发展，逐渐呈现在大众视野中。

2.1

历史渊源

一个民族的现状总与它的发展历程有着千丝万缕的关系。在发展演变的过程之中，民族意识得以重塑，民族观念得以强化，民族价值趋向统一，并逐步形成有着明显统一价值认同、相近生活观念的民族部落。对西江苗寨开展的研究和对其绵延千年的发展历程的总结很有必要。西江的苗族是以西氏族为主的多支苗族经过多次迁徙融合后形成的统一体。

2.1.1 民族繁衍期

苗族先民衍生于 5000 年前的黄河中下游地区，随后，融入东夷聚落，逐步发展聚拢围合，最后形成以蚩尤为首领的九黎部落集团。九黎部落与炎帝、黄帝统率的部落纷争不断。在一次土地扩张过程中，九黎部落与东进和南下的炎帝、黄帝部落在河北涿鹿遭遇，发生涿鹿之战，蚩尤被黄帝擒杀，战争最终以蚩尤统领的九黎部落战败而告终。为了躲避战乱纷争，苗族先民开始第一次大迁徙，南渡黄河，进入淮河和长江中下游一带，并于洞庭湖和鄱阳湖沿岸建立了"三苗国"。

"三苗国"存在期间，尧、舜对"三苗国"开拓的长江流域辽阔土地进行掠夺，实施"征苗计划"，"放欢兜于崇山""窜三苗于三危"。而有苗族民众不服又"叛入南海"，并对日渐壮大的"三苗"进行征剿。舜帝即位后，对不服舜帝管制的"三苗"进行进一步攻掠，苗族先民被迫开始第二次大迁移，向西南和西北地区迁徙，演化成两个分支。

（1）向西北迁徙的苗族先民中的一部分人融合于羌人，成为西羌的先民，另一部分为了寻求更充裕的耕地，从青海往南到四川南部、云南东部、贵州西部，有的向南、向西深入至如今的老挝、越南等地发展。

（2）向西南迁徙的苗族先民在与楚人长期生活共处的过程中，经历生活中的磨合与交互，逐步成为"楚蛮"的主要成员。

2.1.2　民族发育期

战国时期，楚国被秦国消灭，一部分苗族人背井离乡，进入今武陵山区的五溪一带，形成有史料记载的"武陵蛮"。进入汉代，这部分苗族先民逐步发展壮大并形成了可以与汉王朝相抗衡的一股势力。

公元 47 年，汉王朝派出军队征剿"武陵蛮"，迫使苗族再次离乡背井，一部分进入黔东北地区（今铜仁一带），一部分则南下广西融水，后又沿都柳江而上到达今天的榕江、雷山、台江、施秉等地。唐宋时期对鞭长莫及的少数民族政权，任其独立自治，或与互市，或对其和亲，或给以某种封号，与中央政府保持一定的联系，称为"藩国"。宋代北疆战火不息，朝廷对西南民族地区以招抚为主。元代，开始实行军事控制。明统一后，在贵州驻扎重兵，遍设卫所，广立屯堡，把土司和各少数民族置于严密的军事监督之下。然而这些也仅仅是形式意义上的地面归属，实际上统治权力难以真正涉足。

2.1.3　民族稳定期

1936 年西江撤县，归台江县管辖。1944 年，西江复归雷山。根据西江当地退休教师李福忠先生的回忆录（图 2-1）记载，在中国抗日战争时期，中国人民不只遭受帝国主义、国民党的压迫剥削，还要遭受天害。特别是 1944 年，西江、方祥、桃江、望丰等 8 个乡镇都遭受了近 50 天的阴雨天气，导致农民的稻谷全部发霉变烂，大家只能上山挖蕨充食。天灾多，国民党政府抓丁、派粮、派款也很多，让老百姓难以忍受，很多西江老百姓因此去外地乞讨为生。

1950 年，解放军解放雷山西江，随后在 1952 年进行了土地改革。西江镇人民政府在平寨街上召开了以贫、雇农为主的农民代表大会，大会内容主要是宣传和贯彻土地改革法，并在街道旁用石灰书写了"土地还家，合理合法""老乡们要过好太平年，特务土匪消灭完"等大字标语口号。大会结束后，接着就进行斗争地主，帮工帮粮，没收地主的田地、山林、房屋、耕牛、农具和财产等分给贫、雇农。

土地改革结束后，县政府又在西江镇南贵村建立了一个由 15 户组成的重点互助组。1954 年上级又在互助组的基础上建立了半社会主义性质的初级农业合作社，把农民的土地并入合作社，年终按土地入股和工分相结合的方式进行分工。1956 年又在初级农业合作社的基础上建立了高级农业合作社。1958 年在高级农业合作社的基础上建立了人民公社。不幸的是，1959—1961 年，全国遭受了 1949 年以来范围最大、程度最深、持续时间最长的三年自然灾害。群众普遍上山挖蕨为食，非正常死亡人数也增多。后来县政府在西江召开了万人大会，纠正部分干部指挥生产的作风问题。这样的集体生产持续了近三十多年，直到中央召开十一届三中全会后，雷山县委在 1982 年 3 月召开全县四级干部会议，做出了《关于认真签订完善土地承包合同若干规定》。

2002 年，西江苗寨开始加大旅游业的开发力度，前往西江的游客也逐渐增多。自 2008 年西江成功举办贵州省第三届旅游发展大会和上海世博会西江分论坛后，西江苗寨旅游业迅猛发展。

图 2-1   李忠福先生回忆录

2.2
传统习俗

在对西江苗寨居民进行访谈的过程中，总会被他们形形色色的民族信仰所感动。西江苗寨居民的信仰并不单一，而且在生活实践中，根据村民的生活体验、口头传颂、自主领会演化出了丰富多彩的形式，而且在具体的生活中，也同样衍化出了多彩的形式特色。

2.2.1　精神信仰

1. 枫树崇拜

传说苗族人相信的"蝴蝶妈妈"是在枫树的树心中孕育出来的，并生下了十二个蛋，鹡宇鸟把这些蛋孵化出来，才诞生了人类的始祖姜央。原始社会时，蚩尤在黎山地区被杀，他的武器被扔进深山的荒野，后来变成了一片枫林。苗族人一直认为自己是蚩尤的后裔，所以枫树成了苗族人崇拜的图腾。在苗族村落的选址中，特别是在苗族建筑材料的选择上，枫树被赋予了崇高的精神内涵，选择枫木作为房梁不仅是对祖先的一种崇敬，也是为了通过繁育茂密的枫树来祝福后代的延续。

2. 鸟崇拜

在苗族传统中，历来崇尚与自然和谐相处，对鸟的崇拜也由来已久。通过对苗族图腾崇拜的研究，可以分析其相关性。据说始祖姜央在卵中被鹡宇鸟孵化出来，才促使了人类的产生。苗族人认为鸟类与人类有亲缘关系。在一首古老的苗族歌曲中有这样一句话："枫树生鹡宇鸟和蝴蝶，鹡宇鸟帮助蝴蝶孵化十二个蛋，孵了十二个冬天，才孵出人类与万物。"因此，苗族人将鸟作为他们祖先的象征和化身。除此之外，在苗族的传统装饰中，鸟图案运用广泛，如少女刺绣服饰等。

3. 蝴蝶崇拜

蝴蝶崇拜起源于苗族古老的传说。鼓社祭祀的始祖是蝴蝶妈妈。在苗族古歌

《凿鼓词》中有一句谚语："咱妈是蝴蝶，住在树心心。"在苗族人民的现实生活中，当蝴蝶回家时，意味着祖先的到来。在苗族传说中，苗族五彩缤纷的女装是仿造蝴蝶制成的。苗族的许多刺绣品，包括银匠加工的银首饰，都有蝴蝶图案。少女们十几岁时戴的专制锦缎帽，上面有十几只蝴蝶。在西江苗寨的建筑装饰中，"蝴蝶妈妈"图腾符号也使用广泛，如图2-2所示。这是审美与崇拜的结合，两者都源于对蝴蝶母亲的崇拜。

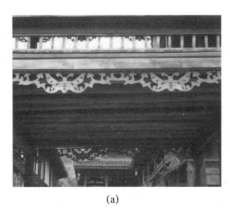 

(a)   (b)

图2-2 蝴蝶图案在建筑中的应用

2.2.2 节日礼仪

1. 鼓藏节

鼓社是组织苗族人民共同生活的基本单位。雷山苗族通过血统形成的区域性组织"鼓社"来维持村落的生存和发展。"鼓"是祖先神灵的象征，因此鼓社祭祀的仪式活动以"鼓"为核心。鼓社祭祀仪式由世袭的"鼓藏头"主持。

鼓社祭每13年举行一次，具有强烈的仪式感，往往分几年进行。第一年二月申日，由"鼓藏头"主持举行"招龙"仪式，整个鼓社的男男女女都会聚集在迎龙场的枫树脚下。"醒鼓"仪式于当年七月举行，"迎鼓"仪式于次年的十月卯日举行。在第三年四月的吉日，举行"审牛"仪式。第四年十月五日，举行了杀猪和鼓祭仪式，这是"鼓社祭"的结束仪式，如图2-3所示。

2. 苗年

苗族苗年主要根据日常耕作和收获的季节安排。西江地区苗族以水稻为主要农作物，一般以一年为收成期。苗年为一天，选定的时日通常在农历九月中旬之后。节日主要加工制作苗族传统的糯米糕，煮新鱼、煮新米，不举办娱乐活动。

图 2-3 苗族鼓藏节

苗族的生活是一种高效、综合利用资源的生活，这不仅体现在建筑上，也体现在土地耕作上。每年的水稻收获季节也意味着渔业的丰收。苗族水稻生产普遍采用鱼稻混作模式。大年后满二十五日逢卯日过尾年，尾年时节是居民的闲暇时节，居民在闲暇时间将有丰富多彩的休闲活动。活动的主要目的是庆祝一年的丰收，邀请亲朋好友前来娱乐，扩大村际交流，为青年男女提供交流机会，如图 2-4 所示。

图 2-4 苗族苗年

3. 吃新节

吃新节分为头卯节和末卯节，如图 2-5 所示。自秧苗打苞的开秧门之后，满 50 天后逢卯日过头卯节，然后奔向热闹的竞技场。年轻男女利用这个机会通过唱歌来选择伴侣。节日当天有斗牛、斗鸡等娱乐活动，但这段时间不允许芦笙游玩。头卯节过后的 50 天左右，谷穗渐熟，逢卯日过末卯节，没有热闹场，也没有斗牛等娱乐活动，目的是让谷物安静地成熟。苗族传统节日起源于当地的农耕文化，它是居住在深山中的居民面对资源匮乏以及他们对自然和祖先的信仰而创造的文化体，这些文化娱乐活动对苗族来说意义重大。

（1）在政治上，节日加强了家族关系。通过与其他宗族的节日交流，可以加深民族邻里之间的团结意识。

（2）在文化上，这个节日是苗族进行的前所未有的展示。节日期间，演奏芦笙，踩铜鼓。

（3）在生活中，节日可以扩大男女之间的联系。苗族提倡自由恋爱，节日活动为青年男女的爱情搭建了一座桥梁，对氏族的繁衍和生计方面发挥了重要作用。

图 2-5　苗族吃新节斗牛

2.3
地域文化

2.3.1　语言文化

苗族在历史上没有属于自己的文字，其历史与文化的传承多依赖人们世代口耳相传，因而苗语在苗族的文化体系中处于重要地位。整体来讲，苗语属于汉藏语系中的苗瑶语支系。由于苗族先民颠沛流离，长期保持着迁移和分散的居住态势，也造成苗语划分为三种方言派系，即湘西（东）方言、黔东（中）方言和川黔滇方言。依托于苗族丰富的语言，衍生了众多的口头文学作品，体现为诗歌、寓言、谜语、笑话等，其中诗歌成就颇丰。语言不仅是人类思维的外壳和最重要的交际工具，也是民族特色的重要标志，它在保存和传承民族文化方面发挥着重要作用。然而，随着汉语言在偏远地区的传播，加上多民族文化与生活的交融，苗语言已渐渐淡出居民的日常生活，并出现了严重的年龄阶层分化。根据实地调研，50 岁以上的苗族居民主要以传统的苗语交流为主，较难掌握汉语；而40 岁以下的居民普遍具备苗语和汉语双语交流的能力；30 岁以下的年轻人群更习惯于讲汉语。这种严重分化的语言习惯对苗族语言的消失起到了一定的催化作用。苗族语言的丧失意味着苗族文化根基的逐步丧失，苗族语言正处于饱受冲击甚至丧失的危机之中。

为了保护和弘扬少数民族语言和文化，仅仅提倡尊重和维护对少数民族语言的保护是不够的。还应通过行之有效的法律和政策进行约束，确保少数民族语言能够在社会的各个层面得到体现。

2.3.2　建筑文化

贵州省雷山县西江千户苗寨的木结构建筑属于上古居民的干栏式建筑，它是中国古代民居建筑的活化石，被称为中国苗族文化的露天博物馆。今天，独具特色的西江文化得到了充分展示。几乎所有人都会提到西江苗寨，而提及西江苗寨则会直接让人联想到它的建筑文化遗产——吊脚楼。黔东南苗族民居不仅是日常生活的地方，同时也是一个民族文化集中表现的场所。苗族建筑艺术如同苗族其他门类艺术一样，积淀有很多纯粹的苗族文化成分。苗族居民平时的聚会、宗教礼仪、婚宴、祭祀以及生产生活如纺织、刺绣、饲养等都在这里进行。受这些习俗活动的长期影响，苗族建筑的艺术性特色更加鲜明，如图2-6所示。

(a)　　　　　　　　　　　　(b)

图 2-6　苗族吊脚楼模型

吊脚楼的形式分多种，如邻崖吊脚、邻水吊脚等。西江苗族的特色吊脚楼形制是西江人民千年生活探索的结果。西江所处地区，群山环绕，林木葱郁，可谓"地无三尺平"。为了满足生活居住的需要，苗族人民就地获取木材资源，在多石头且不平的山麓地带建筑房屋，形成了当前的建筑形式。狭小的地基面积，无法支撑居民充裕的生活空间，所以采用吊脚的形式延伸房屋地基面积，在崎岖的山麓之间求得平稳，其形制堪称巧妙。房屋一般设三层，底层为牲畜驯养区，中层为主要的生活居住空间，顶层则为日常的储藏空间，每一建筑都是居民独立的生活综合体，居民日常的生活也基本都在房屋内部实现。

西江地区受地形特征的限制，群山环抱，耕地面积有限，依据大自然所赋予的地理条件，建筑物选在 30°～70° 的斜坡上，在传承传统的干栏式建筑的基础上，创建了穿斗式木质结构建筑，把自然美与人工建筑美融为一体，追求自然与人力的结合，体现了苗寨木结构建筑依山而立的人文思想和西江千户苗寨族人崇尚自然、适应自然的文化特点。在一定程度上村寨的民居建筑景观体现了不同少数民族对自然的认识，以及千百年来在与自然环境抗争、适应过程中积累的民族智慧的结晶。

2.3.3　服装文化

据说，苗族妇女的服装是模仿蝴蝶产生的。服装制作是苗族女性必须要逐步掌握的一项技能。11~12岁的时候，苗族女孩就开始和母亲一起学习制作衣服，并逐步掌握苗族服饰的刺绣技术，进行服装纹络的加工。西江苗族服饰图案精美，构图形式、构图主题多样。许多图案反映了历史上苗族的大迁徙，服饰颜色往往与先民的迁徙路线有很大的关联性，形成了当前独具特色的苗族服饰文化。

苗族服装制作所采用的材料大部分由村民自行纺制加工而成。苗族服饰通常由丝绸、缎子或家纺布制成，涂上或贴上图案，然后刺绣。因此，剪纸也同样是苗族妇女必须掌握的一门手艺。服饰构图以历史记忆、神话故事、图腾崇拜等固定主题为基础，具有丰富的文化内涵，并且丰富多彩的色彩也来源于古老的传说。

黔东南苗族各支系的服饰图案和色彩以对比色为主，通过调整色彩的变化突出了层次感。由于色调不同，不同苗族支系的服装具有不同的颜色特征。例如，在红色色调中，植物图案往往以绿色作为装饰色来衬托图案的主色调，黑色色调的颜色对比度很强，因此使用互补色来增强图案的颜色特征。

从外观上看，黔东南苗族服饰古朴典雅，曾被一些学者认为是唐宋时期遗留下来的。当然，具有古代特色的苗族服装并不意味着其知识传统一成不变。苗族服饰是苗族历史记忆的载体，被称为"穿在身上的史书"，也是苗族知识传承的一个重要方面。苗族百褶裙上的条纹花边印证了苗族的迁徙路线。裙子底部镶嵌的人形"团结图"象征着民族团结的力量。三角形图案再现了苗族经历的山峦和沟壑。衣服肩部和背面的水旋涡图案表达了苗族人对家乡的向往。从黔东南苗族服饰的一些固定符号中不难发现，几千年来，苗族先民描述了迁徙的坎坷，对家乡的记忆，以及民族认同的情感和民族繁衍成长的渴望，在他们的服饰中将这些特点记载下来，被作为一个民族历史文化知识代代相传。

2.3.4　歌舞文化

歌舞是苗族人自我情感的重要表现形式，如图2-7所示。在节庆活动中，他们用情歌来获得异性的青睐。他们在欢迎远方的客人时，采用主题多变的歌曲来渲染拦门酒的高昂情绪，表达村民内心的热情。西江自古就被称为"歌舞之海"。苗族歌曲有飞歌、情歌、酒歌、祝福歌、哀歌、丧歌、古黎族歌等。"飞歌"高亢,"酒歌"深沉有力,"情歌"悠长柔和,芦笙歌曲悠扬清脆。

　　苗族舞蹈的表现形式非常丰富,主要有铜鼓舞、芦笙舞、木鼓舞、金鸡舞等,"木鼓舞"雄浑有力,"铜鼓舞"庄严肃穆,"芦笙舞"优美。舞蹈活动大多以宗族祭司活动为基础。西江在几千年的演变过程中,结合以往历史文化的积累,逐渐形成了今天鲜明的苗族特色。

(a)

(b)

图 2-7　苗族舞蹈

小结

　　西江苗寨凭借着悠久的历史积淀，在群山深处孕育着灿烂的文化，发展过程可谓波澜起伏，其思想也在这种环境中不断形成和完善。西江苗族文化之所以能够不断地开花结果，是因为它不断地融入人们的生活，使人们的生活更加丰富。对西江苗寨的理解不应该从单一的语境出发，而应该综合考虑，对于西江特色文化的保护也是如此。只有全面了解、理解西江苗寨文化，才能真正保护西江苗寨文化的精髓。

3

西江苗族建筑地域特色与
文化内涵

经济社会的现代化对人类的影响是多方面的，它带给人类经济发展和社会进步的同时，也由于科学技术的滥用和过度工业化，带来了环境恶化和生态危机。同样，现代化也对少数民族建筑的发展带来了不容小觑的冲击。但是，社会的现代化所产生的"可持续发展"与"和谐共生"概念，使学术界对少数民族的社会考察有了全新的视角，即可根据其地域特色与文化内涵进行考量。虽然少数民族地区的经济文化不十分符合当下"充分发展市场经济"的趋势，但对生态文化的发展而言，仍不乏值得借鉴的内容。中国各民族都拥有一整套保护环境、合理利用自然资源的传统知识，民族文化本身在保护生态、适应自然环境和人文环境方面发挥着重要作用。因此，对少数民族生态保护文化的探寻和摸索对于民族学课题的研究而言具有重要意义。

我国黔东南西江苗寨是一种松散的建筑群体，建筑形制不固定，不但可以聚集向内纵深，而且更可以自由地向外延展，每个单独的房屋之间少有制约。西江苗寨整体布局自由、灵活，一切顺其自然，主要有如下特征：第一，黔东南西江苗族聚落顶部平坦、空间宽广，为不规则的形状，且和周边山林相结合，从安全性方面考虑有极强的防守性。第二，整体处于山谷的两边，呈现狭长的布局，并延伸到末端，和较低的山河谷地融为一体。第三，曲折的地形和建筑物通过曲折盘旋的道路贯穿，避免直线型的道路，在提供基本生活行走的同时，也出于安全防护的需要，避免贯通式的单路产生，以更好地迷惑敌人。这充分说明苗族人民的特点是非常善于利用山地地形，能够因地制宜地进行合理布局，从而巧妙地解决与自然环境产生的矛盾和困难。西江苗寨建筑密度非常大，局部地区能达到70%，但建筑物层次关系清楚，依托山体的原始形式仍然可以实现较好的布局。

3.1

地域特色

3.1.1　建筑选址

为了躲避外族的干扰，苗族民居大多依山而建，一般位于山顶或者山脚，且背靠山，多使用干栏式结构。因地制宜，不强行改变自然环境，顺着山势蜿蜒排布开来，和山体形态融为一体。

我国少数民族的分布呈现"大杂居、小聚居"的特点。根据对我国西南少数民族分布地区的实地调研，可以很清楚地发现这些地方的自然条件并不适宜居住，但这些地区的少数民族群众利用自己的聪明智慧，不仅能够根据实际情况创造出适合生存的建筑形态，而且能对居住环境进行改造，使所处环境更加有利于长期居住。

通过探究黔东南苗族建筑的发展历程可以看出，其建筑形态的选择似乎更注重自我意识的表达，并没有针对建筑形制的选择形成明确的发展计划。如此的建筑衍生形式并不代表苗族人民不遵循自然规律的发展。通过综合分析对比，可以发现苗族整体聚居区和单体建筑的布局与选址往往具有很强的生态意识，并以充分考虑环境为最基本的出发点，更好地与自然生态环境融为一体。

黔东南苗族人民通过艰苦的探索，不仅成功地解决了如何在恶劣的自然环境中居住的问题，还成功培育出了一个优雅的居住空间环境，形成了自己的特色，这充分证明了苗族人民的智慧。

黔东南苗族人口众多，且为多姓氏家族的集合体。受血统和观念差异性的影响，虽然苗族民居都为独立的空间单元，但仍无法避免在生活交际过程中出现各种矛盾。苗族人民在寻求稳定幸福的生存态势的同时，还希望拥有一个更好的家庭环境，所以在建筑选址的过程中会异常谨慎，希望居住地能够有效协调自身安全、生活与农业作业之间的矛盾。

黔东南苗族聚落有依山、靠崖、聚居的特点。在早期的建筑选址中，黔东南苗族居民主要考虑防止外敌的袭击，避免封建统治阶级的压迫和剥削，所以选择在深山之中定居，以逃离世俗的纷争，寻求片刻的安稳。因此，大多数苗族村落位于山脚或山顶，很少位于广阔的平原地带。早期，居民在山谷低地进行耕种通常缺乏安全性，为了解决这一问题，他们衍生出一种新的耕作模式，即将耕作区域转移至山地地带，化坡地为平地，使苗族聚落成为一个封闭的环境，以此来提高苗族聚落整体的安防性能。

黔东南西江苗族民居的选址通常与所处的地形相结合。根据现存的建筑布局，我们不难发现，苗族建筑的一面大多为阳坡，背靠青山，数千个定居点需要大量阳光、空气和水，以满足日常生活的需要。因此，西江苗族民居的布局呈"鱼鳞状"分布，这也是出于基本生活功能的需要。此外，起伏的山峦能够提供每个居所开放的视觉空间，使得阳光明媚、空气清新，住所的高度还可以提供更远、更宽阔的视野，而且依靠这个特点也更易于观察、防御，还可以根据现实状况及时安排撤退。西江苗族对于水源有着极为迫切的需求，不仅需要可以提供饮用水的河流，同时还需要大量水源来满足建筑防火的需要。因为苗族民居建造所选用的材料通常为木材，且与相邻的居所具有一定的分隔，受山体坡度的影响，更易发生规模性的火灾，给家庭财产造成损失。因此苗族民居附近的大部分水源以不同的方式呈现，如建筑面对河流、设置临时排水、积攒溪流和泉水、开挖水井等。受地质地貌的影响，黔东南苗族民居建筑也面临着山洪灾害的危险。所以，在保持对水源基本需求的同时，还需要有效避开大的水流冲沟，防止洪水泛滥。在日常生活中，苗族人民也能够很好地利用民居附近的天然冲沟进行排水，以此来减少山洪隐患。

受汉族文化的影响，黔东南地区在建筑选址时还会融入风水观念，并会考虑选择罗盘进行定位。对于建筑选址，需要综合各方面的因素，而这些因素往往是对立统一的关系。不仅有水源，也受限于地形特征；不仅有较强的安防性，也需要便于耕作；不仅要讲究风水，也要重视生态环境。因此，它往往是结合一定的地形，灵活权衡复杂矛盾的多个方面。

3.1.2 材料选用

苗族建筑对材料的选择，从宏观意义上讲具有一定的时代性特征，并随着市场经济的发展呈现多样材料综合应用的态势。通过探究苗寨建筑使用材料的种类，也能够从其中认识到整个村庄不断发展演变的过程，而不是停滞在某一时间段之内，固守传统的形式。近年来，许多新材料也多用于苗寨建筑的建造，如黏土砖和混凝土砖、塑钢窗和铝合金窗等，但是要保留某一时期的建筑特色，关键是如何使用建筑材料进行建造，同时还需要确保村庄之间的整体继承关系不被破坏。黔东南苗族传统民居建筑一般是木结构建筑，在建造过程中主体结构的梁、板、柱使用的材料以当地盛产的杉木为主。承托整体建筑的筑台一般使用石砌的方式，常选用的是取材于当地的轻质板岩、变质砂岩、页岩等。房屋顶部的建筑材料过去使用较多的是杉树皮或茅草，现在广泛使用的是小青瓦。

黔东南苗族传统单体建筑，古朴而有韵味，既朴素又丰富多彩，其空间环境布局具有强烈的民族特色。

黔东南地区拥有大量的木材，因此该地区的建筑大多为木结构。这里的人们通常将杉木作为建筑主体结构的材料。木质建筑的柱子叠搭嵌合，结构紧凑牢靠，可以使建筑数百年不倒。吊脚楼的墙体受力部分通常为 3~4cm 厚的杉木板。普通的墙板为单层（厚度 2~3cm）杉木板。木质壁板等构件基本不用金属钉子固定，而是依靠木材与木材之间的物理嵌合形成可靠而稳定的支撑、围护体系。黔东南的一些建筑物至今仍然使用由树纤维混合材料制成的屋顶或墙体作为防护构件。

除了木材，石材也是西江千户苗寨主体建筑中的一种重要材料。石材不仅可以用来砌筑房屋基础和墙体，而且可以制作成石板瓦用于屋顶的砌筑。石质材料的合理运用，能够使坐落于山地之间的建筑更具原生态的韵味。西江千户苗寨中的石质牌匾、石路，以及建筑叠石，都具有强烈的形式美感。其石材多取自山区溪边、河道，与石灰等胶黏性材料搭配使用可增强建筑的牢固性和安全性，而且风格质朴。

苗寨内部的道路也多采用石材铺设。这种单一材料的道路铺设方式，不但不会让人乏味，而且会因为不同的铺装方法和图案给人以视觉上的变化，形成别具一格的风格。建造时使用的石材以板状居多，局部嵌入小型卵石，使建筑更具韵味。在拼石的方法上，采用多种考究的形式给人带来不同的心理感受。譬如对石路两边的平行直线常进行包边处理，增强了地面的设计感；对矩形、方形、三角形及不规则图形的运用，配合苗族传统图案，能够使道路空间更加丰富；具体到每种石材的运用，采用厚实粗大或颜色较深的石块、石板，给人以大气古朴厚重的沉稳感；采用精细、圆滑细长形的卵石材料，则使人产生轻松、柔和的心理感受。同时，在铺装的过程中，苗族工匠还十分在意与周边环境的协调性，在道路交叉处或与建筑产生直接交错的地带，多采用人字形或平行的端部处理工艺，以调和道路与道路、道路与建筑物之间的关系。合理使用不同尺寸或形状的石材，通过控制各石材单元之间的缝隙，对缝隙进行整洁美观的填缝处理，不仅能够体现出聚落美感，而且能够使粗犷的石材道路给人以细腻的感受。除此之外，对缝隙的间隔进行控制，还能够更为直观地体现道路铺装的雅致程度，彰显形式的考究。

传统的苗族房屋屋顶多用稻草直接覆盖。而黔东南地域常用一种名为"香蕉草"的植物来覆盖屋顶，比用稻草覆盖的屋顶更为耐用，使用周期在3~4年。

除了以上材料外，毛竹在黔东南地区也是一种常用材料。毛竹制品在建造时可以替代木板作为墙面及建筑的围护材料使用，还可以在建筑中作为主梁承重。该地区生产的众多竹子中有一种高大挺拔的竹子品种，将这种毛竹编织成一个大的单片毛竹墙，然后在它的内外涂抹砂浆，利用其来进行建造，建筑非常结实耐用，而且相比拼合的木板墙体而言，毛竹融合石灰等胶黏性材料的使用具备更强的保温、气密性能，因此在黔东南地区的民居建造中被广泛使用。

3.1.3 空间布局

1. 整体格局

黔东南苗族吊脚楼一般临山临坡地而建，为了获得稳固的地面基层以承载房屋的总体重量，地面往往由石台基堆砌而成，对于悬挑出基层的部分，则由木柱支撑。苗族建筑整体的平面结构一般可分为四排柱三开间式和六排柱五开间式，厢房对称分布于正堂西侧。建筑对中柱选材的要求特别严格，必须通直落地，不能用2根柱拼接，且它的直径一般相对于侧柱稍大，框架结构一般为五柱四瓜（每榀框架的前侧第一根不落地的柱叫瓜）。黔东南苗寨建筑的一般高度有一丈八尺八寸、二丈一尺八寸或一丈五尺八寸（1丈=10尺，1尺=10寸，1尺=33.33cm），这些高度的尾数多以八结尾。

黔东南苗族民居的入户门口一般设置在房屋的侧面，往往设置一级台阶由地面直接进入二层，也有从下一级台地通过木梯进入二层的做法。步入二层后，一般经过一段外廊到达退堂。所谓退堂即人们常说的凹廊，可按主人喜好有退一步或退两步之分。

2. 功能划分

在楼层的布局方面，黔东南苗族民居根据传统的生活习性，在纵向空间上，一般采用三层的方式来划分。首层为基础层，用于圈养牲畜、家禽或堆放柴草、农具和储存肥料、杂物等；二层为基本居住空间，是全家人的活动中心；三层多为粮仓，少数人家也设置为子女居住用房。

首层空间作为房屋的基础层一般比较低矮，层高在2m左右，进深一般不小于3m，与山坡的底面、后背面直接相连。因为底层用于牲畜养殖和农具的放置，所以所用墙板材料一般为品质较差的木板，或直接用杉树皮进行空间围合，有的内部不加隔断，以便于饲养更多的牲畜。其外墙的处理方式具有多样化的特点，常用芦席、木条栅栏等做围护，开敞透气，以挥发牲口产生的异味；底层设置有独立的供牲口进出的出口。整体来讲，底层藏污纳垢的功能特征显著，因为除了设置牲口饲养区外，厕所也一般设在房屋底层的边角处，且多为蹲位茅厕。临近山顶或边缘地带的住户，也常将厕所另外单独设置，与主体建筑保持一定距离。

二层为主要的生活空间。因为苗族民居的整体高度都比较低，除底层外，居住层的高度一般为2.4m，有的甚至低至2m，这多有可能是出于房屋整体稳固性的需要。除了核心区的堂屋外，其他所有房间的尺度都比较小。堂屋开间一般在5m左右，有的苗居堂屋层高超过3.5m，然而产生如此高度也多是由于二层与三层阁楼部分将楼层隔板取消所致。一方面是因为堂屋是全家饮食、取暖、待客、安设神龛的地方，在苗族建筑中地位神圣，所以在尺度上相较于其他房间可以尽可能放大；另一方面是为了满足社交活动的需要，因为以家族为单位的聚集活动往往以长桌宴的形式在堂屋举行，且堂屋在以往也是芦笙演奏的场地。除了堂屋外，通常还包括作为进户通道的外廊、设有美人靠的退堂、堂屋、卧室、火塘间、厨房、储藏间、过间等空间。二楼的房间多数采用杉木板进行分隔，整个楼层房间以堂屋为中心进行对称式排列。对于房间数量的设置，则根据家庭人口数量设置三五间不等。在堂屋外设置有"美人靠"，苗语称"斗安息"，意为供人休息的凳子和靠背。"美人靠"是苗族建筑中的一大特色，是苗族民居中最富有情趣的地方。在前部设置有独特造型的美人靠，后部与堂屋相连，形成一个半开敞空间。美人靠栏杆的设置十分讲究，由十几根向外隆出的弧形木条按照统一的距离水平排列而成，在转弯处设置一根转向性的木条作为过渡。木条上方固定在一根长长的方形横木之上，下方固定在厚重的坐凳面板端部，形成整体稳定的结构。坐凳之下，采用杉木板拼装，与楼板连接，形成一个别有韵味的木制阳台，具有极强的通透性和良好的采光效果。在冬季的时候阳光充沛、温暖，夏季则凭借良好的通透性给人以凉爽之感。这里往往成为居民最佳的休闲空间，人们多愿意在此休息、聊天、晾衣、做家务或搞副业，夏季更可在此纳凉进餐。在以往的生活中，男女青年尤喜在此吹芦笙或对歌。但是由于美人靠是阳台的重要组成部分，故密闭性较差。现代苗族居民往往采用窗体进行封闭，虽然为了传承美人靠的造型特点，也按传统的构建方式进行设置，但如今的美人靠支架之间往往会做封堵处理。

三层一般是阁楼，多用于储存或晾晒粮食，大户人家也用 1~2 间作女儿的卧室或者客房。总体分析苗族建筑的整体功能格局，我们不难看出，以从事农耕及家庭副业为主的苗家农户，其生产生活活动比城市的居民要繁杂得多，涉及的粮食、柴草，以及相应的各种工具、农具，都需要足够的储存空间进行合理放置。对于居住在平原地区有院落的农户而言该项功能需求相对容易解决，但居于山坡地带的吊脚楼却没那么容易，因其大多数都没有院落，除了在牲畜饲养区以外的底层设置了可以存放农具、柴草的空间，其余只能在房屋的顶部寻找可以拓展的空间。出于粮食存放的需要，阁楼层的楼面需要采用更具密闭性的拼接工艺进行设置，保证板与板之间仅存极小的缝隙，有效避免粮食颗粒在地板缝隙处的渗漏或者残留。三层阁楼空间两侧的山墙往往采用开敞式处理方式，且内部往往不进行分割，以保持极好的通透性。这种做法既可以减少楼体的整体负荷又有利于阁楼层通风，而且有利于粮食谷物的风干，即便在梅雨季节也能够极大地避免粮食的霉烂。在二层与三层的过渡中，除了设置移动的梯子或楼梯，有的民居还在建筑与山地后坡之间设置天桥，如此便能够为粮食的搬运提供更为便利的交通。整体来看，三层楼面的开放性功能，对保存粮食有极大的好处，但也存在一定的弊端，那就是难于防范鼠患。传统的苗族民居用稻草铺设房顶，后又衍化为木质檩条的形式，也多数是为了减少老鼠的藏身之所。为了更有效地避免鼠患，许多居民会另外择地建设粮仓，有的甚至将粮仓建于水面之上。

3. 空间特征

黔东南苗族传统民居以杉木原木作为主要支撑框架，受制于木材截面的大小，同时出于对建筑稳固性的考虑，整体建筑体量较小。苗族民居建筑主要有以下特征：

（1）尺度小、层高低。由于整体空间划分产生的空间不大，所使用的家具也更偏向低矮型移动坐具，所以苗族民居给人们的尺度感并不大，整体层高也偏低。采用这种做法的主要目的在于用最少的材料和土地来满足人们生产、生活的一般需要，具有一定的经济实用性。

（2）空间类型变化多样。根据每个建筑所具有的功能和所涉及的使用对象，可以大体把室内空间分为人的空间（二层居住空间）、牲畜的空间（底层牲畜饲养层）和物的空间（三层阁楼层）。整体空间的布局有明确的功能性，布局均衡协调。采用多类型的空间划分不仅能够使人、畜、物共处而且能很好地保持相对独立性，每个功能空间都有自己明确的属性。除此之外，还能通过相互贯通的连通结构使建筑成为一个有机的整体，这正是苗族民居空间处理的成功之处，能够满足生产生活的综合性需要。除了丰富的功能分区外，为了增加整体房屋的趣味性，居民往往在居住层即堂屋的外延采用挑廊、凹廊进行空间的延伸，扩大与室外环境的融通性，打造出户外与半户外的多类型空间。苗族民居的退堂是室内堂屋空间至凹廊入口的过渡地带，在此处，室内与室外的空间相互交错，光线、空气俱佳。利用退堂不仅扩展了室内空间，而且丰富了室内多视角景观，获得了丰富而有变化的空间效果。就目前的城市建筑住宅设计而言，在项目中采用封闭式的玻璃门窗，造成室内与室外空间的相对独立，不仅会阻隔室内空间的通风、采光，从更深意义上讲，相对于苗族民居的处理手法，丧失了更多的趣味性。

（3）多空间、小体积、大容量。苗族民居采用临山吊脚的方式构建居住型建筑，能够在有限的地面面积之上，最大限度地在空中争取更为宽广的空间，用来充实室内划分的多种空间，能够有效提高占地面积的利用率，使其在一个面积较小的地基之上能够拓展出三层以上的建筑空间。受建筑材料、地形地貌的影响，苗族民居建筑体积不大，但是它能够很好地容纳居民的多重需要。其建筑的体型虽小，但从顶部、前部开发出三层的建筑空间满足了人、牲畜、物的需要。换言之，苗族民居根据人口和生产生活方式的变化，将功能的需求进行多种类型的空间功能调整，具备很高的装配性。

4. 空间布局

（1）堂屋。苗族民居的第二层主要是苗族人民用餐、取暖、款待宾客的地方。而堂屋的位置一般设置于整个建筑二层的正中央，因为堂屋是这所屋宅的中心，具有很强的精神象征意义，是苗族民居最为崇高和神圣的地方。在堂屋的正中央靠后壁的地方设有神龛，并摆放有牌位，逢年过节或有重要的活动，主人要在堂屋进行祭祀。苗族民居建筑内的家具类陈设比较少，且类型单一。堂屋内主要的家具为一张较宽的长条形矮桌，主要为了满足进行长桌宴时就餐的需要，而且做工考究。堂屋是苗家人的起居空间，也是对外社交活动的主要空间。如今的黔东南苗族住宅的堂屋内除了设置有神龛外还加设了火塘、灶炉，常堆放着腊肉等食物。由于建筑体量小，无法单独设置用来进行社交活动的空间，因而苗族的主要社交活动，如婚丧嫁娶、款待宾客、节日活动等主要在堂屋进行。综上所述，其堂屋的规格相对于其他房间，因承载着更多的功能，面宽和层高都相对要大一些。从房屋的整体平面布局上我们可以看到，堂屋还是整个家庭的交通枢纽，将卧室、厨房、火塘间、储藏室组织在一起，下侧可联系杂物屋、禽畜栏、农具储藏间等，通过移动的梯子还可以到达三层阁楼的谷仓，可谓是苗族居民精神世界和物质生活的中心。

（2）卧室。苗族民居建筑的卧室主要分布在建筑的第二层，偶尔设置在第三层的阁楼层。众所周知，堂屋是苗族民居的核心功能区，承托着整个家庭的精神信仰，卧室一般设置于堂屋的左、右和后面。苗族民居建筑的卧室一般不大，且功能比较单一，主要以满足日常的休憩为主。在堂屋的两侧，内设床榻和少量家具，每个房间往往只有一张木床和衣柜。卧室有明确的长幼尊卑之分，堂屋后面的房间专住家里的男性老人，绝对不让已婚的儿子或媳妇居住；两边的次间分为前后两间，儿子的卧室位于左前间，有时候客房也设置在左前间，两侧靠外部的房间和楼上房间主要安排子女居住。有的家庭子女较多，会将阁楼的一部分划分为子女的卧房，在空间的布局上十分灵活。但由于苗族的住宅都是木质建筑，卧室存在隔声差、防火能力差等缺陷。

（3）退堂。从名称上讲，退堂是相对于堂屋推进一两步且与挑廊的一部分共同组成的半户外空间，是室内、外相互过渡的空间。为了满足平时生活的需要，有的苗族居民会在退堂前半部分加设屋檐，用于遮阳防雨和夏季乘凉。在退堂顶部的屋檐下，出于生活的需要，苗族居民常挂有辣椒、玉米等农作物，相对于单一功能的粮仓，该处功能的开发很好地丰富了苗族生活的维度，为空间增加了更多的丰富性。退堂具有较好的开敞性，往往成为整个苗族民居建筑中采光最好的区域，由于前方临近山坡，多数为朝阳的挑空地带，也是极好的观景平台。苗族女人可以在此休憩、刺绣或对歌。为了满足缝制衣服的需要，有的苗居还常在此放置织布机。因此，退堂便成了苗族妇女的半室外生产空间。有时，苗族女人还会在退堂两端的柱子上悬挂镜子，因临近卧室，能够借助充足的阳光，满足梳妆打扮的需要。

（4）火塘。火塘间是苗族最具特色的用房，如图3-1所示。相对于堂屋的精神承载特性，火塘空间具有更浓厚的生活气息和地方特色，是苗族人民实际意义上的起居室。苗族身居气温长年低于平川的高山地区，雨水丰沛，云雾缭绕，空气湿度较大，故苗民自古有"向火"的习俗。试想，一天劳作下来，傍晚一家人围火而坐，休息取暖，谈天说地，可谓其乐融融。苗族的厨房也叫火塘，每个火塘都代表一个家庭，如果外人问及某个寨子有多少火塘实际上就是问这个村寨有多少户人家。苗族人家的厨房一般安排在吊脚楼的后半部，一方面是因为这里地面不是木质地板，在用火的过程中比较安全，另一方面是因为其与堂屋相通，联系方便，起着"第二客厅"的作用，可以在此处接待比较亲密的客人或进行私密性较强的谈话。以往的火塘通常先在地面开挖出一方坑，边长 60~70cm，深度在 20cm 左右，将铁架架设在坑上，或悬挂于房梁，通过金属提拉装置升降，控制其与火苗的距离。有时会在火塘的四周砌筑石台，再放置三脚或四脚的铁架，支撑锅具用于烹饪。火塘内砌有"三星一月亮"式的灶台，"三星"是指支三口锅，"月亮"是指将灶台砌成弯月形，以便于主妇烹饪。现在的苗族人家一般在厨房做主食，在火塘做副食，火塘四周围以矮凳，一家人边做边吃，别有一番风情。

图 3-1　火塘

火塘除了兼作炊事用途外，还具有照明功能。晚间火塘的灯火足以满足夜间的照明。此外，在寒冷的季节，火塘更有取暖的作用。但是由于是明火燃烧，过程中难免会有烟雾。为了解决这个问题，苗族居民常在火塘上方开设洞口与阁楼相通，通过开敞的阁楼将产生的烟尘散去。即便如此，烟尘对室内空气仍会产生污染，使苗族民居建筑室内布满烟渍和油渍，进而变黑，影响其美观性。在田野调研的过程中，我们发现不少苗族建筑的房梁、墙板尤其是火塘间，或近火塘的堂屋部分往往被熏成黑色，当被问及对这种状况的感受时，其回答令人意外。他们不但早已习惯这种生活方式，而且烟雾可防止虫害对木材和食品的侵袭，苗族人常吃的腊肉就常吊挂在火塘上方某处，可经久不腐。对于以木构架为主的房屋，还有防虫防湿延长使用年限的意外功效。

3.1.4　建造工艺

　　苗族没有属于自己的文字，其房屋建造技艺的传承也主要为师徒口耳相传。经历上千年的实践积累，苗族人民在房屋建造的过程中形成了自己独特的建筑工艺。从最初的选址到地面基础的砌筑，从准备建造材料到具体的发墨、开榫凿眼至屋架体系的搭建，到地面与墙面板材的铺设，直至最后的完工。每一道工序都有相应的控制标准。具体来讲，苗族建筑的基本建造过程分为以下几个步骤。

　　1. 地基选择

　　苗族民居建筑的选址以往具有较强的神秘色彩，但随着社会观念的转变，当前的建筑选址主要考虑采光、通风及交通的便利性。

　　2. 工具选用

　　黔东南苗族在房屋建造的过程中常使用的工具有斧头、墨斗、墨线、角尺、凿子、锯子、木槌等。由于多为手工操作，因而工作效率较低，进而造成房屋的整个建造周期大部分花费在原材料加工方面。随着工业化的发展，近年来工匠在房屋建造过程中也多使用电锯、电钻、电刨等现代化的工具，大大节省了时间，提高了施工效率。

　　3. 材料准备

　　建造材料一般选用当地盛产的杉木，主要根据其垂直度及木质均匀程度将其加工成梁、板、柱及隔墙的材料。以往，人们主要在自家林地里选择木材，砍伐的时间也主要选择在农闲期间。选择农闲时节，不仅能够更好地组织更多的劳动力，而且此时杉木的含水量较高，阳光也足够充沛，更易于加工和晾晒。待晾晒干并刨削掉木材多余的枝节后，工匠开始用墨斗进行弹线。墨线通常使用的是棉线，以更好地吸收墨水。弹线时用力要均匀，保持两端点与提线点在一条直线上，这样弹出的墨线才能够保证笔直且无偏差。

　　4. 地基砌筑

　　黔东南地区山地较多、平原较少，少有足够的耕地进行生产。苗族居民的房屋往往临山而建，选择在山坡之上搭建房屋。苗族建筑为木结构框架支撑体系，需要一定的平整地面承受荷载。其临街部分的地基多采用石材进行砌筑，内部进行填充压实处理，并对地面进行硬化作为后期房屋内部的地面使用。随着水泥、瓷砖及多种石材的使用，地基也倾向使用稳固性更强的钢筋混凝土进行砌筑，有些时候还会采用混凝土柱代替木柱。出于美观性的需要，为了保持与传统建筑统一的风貌，往往需要使用传统石材对混凝土基层进行铺贴、掩盖。

5. 木构件加工

工匠对晒干并修正后的杉木原木进行墨线弹线，随后便根据各个点位用锯子、凿子、斧头等将其加工成梁、柱、板、椽等木质构件。对大梁及柱料加工，是备齐木料之后非常重要的一道工序，这道工序往往由经验丰富的工匠负责。从建筑整体计划开始到最后的完成，对数百个大小长短不同的柱、梁和需要进行榫卯部位的加工，都需要工匠用各种工具，亲自动手完成。在加工的同时还需对梁、柱进行整合，将所有构件都准备好后，最终形成构件表，为房屋框架的组装做好前期准备。

6. 木构架的搭接

待选定一个吉日后，便组织工匠立房架、上房梁和盖房瓦等，然后进行楼板、墙板的拼装和铺贴。我国的木建筑结构体系主要分为穿斗式和抬梁式，而苗族吊脚楼属于穿斗式木结构体系，其主要特点就是用木构件把所有的柱子连起来。檩条则直接搁置在柱头上面进行固定，随后再沿檩条方向，用斗枋把柱身连在一起，最终形成一个整体框架，如图3-2所示。在连接各个木构件的过程中，苗族工匠巧妙合理地采用多种节点连接方法，主要有三种：①梢连接，有较高的紧密性和韧性；②齿连接，通过构件与构件直接抵承穿力，分为单齿连接和双齿连接；③榫连接，枋头做成燕尾榫，嵌入柱内。

图 3-2　建筑木结构框架

立屋竖柱为房屋整体搭建过程中非常重要的一个步骤，需要多名木匠通力合作，共同完成。木匠们将各个木构件通过预先加工好的榫卯完成组装，在安装时不断敲打，加以固定。而在地基上，需要几个力气稍大的工匠负责拉紧绳索保持各个排架的稳固，直至整体房屋框架固定完成。

7. 上瓦

房屋框架搭设成功后，就可以进行屋瓦铺设。以往多铺设茅草，现在主要铺设瓦片。依托檩条的承托，屋瓦一阴一阳，互相嵌合完成。虽整个过程技术含量不高，且在屋内也能够明显地发现瓦片相互堆叠的形式，但能有效阻挡雨水的侵袭。

8. 安装墙板、地板

立屋竖柱之后便可进行椽角、地板、墙板的安装。富足人家还要对屋顶飞檐进行装潢，在廊洞下雕龙刻凤，增加建筑的整体装饰性。待框架支撑体系及屋瓦铺设完成后，建筑空间基本上就可以使用了。墙板、地板主要根据各个桁架的尺寸模数进行加工。因墙板和地板不是房屋主要的结构受力部件，因而其板材的厚度一般在 20~40mm。而且，各个板材模块的安装多采用企口或直接以对接的形式进行，非常方便。每个房间的大小多通过墙板的安装位置进行控制。为了方便功能性的调整，墙板、地板安装主要采用榫卯式连接，如图 3-3 所示。

图 3-3　墙板连接

9. 维护保养

待所有搭建工作完成后，民居建筑才得以展露全貌。为延长房屋木楼板、墙板等木质构件的使用寿命，往往用桐油进行涂覆处理。具体的步骤是先用清水清洗楼板和墙板的表面，接着用布擦干，再用生桐油涂刷，反复涂刷 3 道。苗族吊脚楼的建造从最初的计划至最后完成，不会用图纸作基础参考。建造过程中数百根的梁、柱和开卯作榫的部位，乃至复杂的力学估算都是由木匠们根据长期实践经验并依靠系统性的思维记忆完成。

3.1.5　空间符号

1. 黔东南苗族建筑的空间符号

黔东南苗族建筑的很多外部空间与整个自然环境保持协调统一，而且紧密融合，这是一个非常重要的因素。在黔东南，受多变的地形地貌影响，其外部空间便形成独特符号，这些不规则的地形一方面约束了苗族建筑的创建，另一方面也给黔东南苗族建筑带来了活力，丰富了黔东南建筑结构体系。但凡是游览过黔东南西江苗寨的人，都会被其独特的魅力所感染。

由于深处山区，土地贫瘠，平原面积很少，所以保护耕地已成为一个重要的问题。苗族房屋架构与山和水相呼应，很好地展现了黔东南苗族工匠的智慧。以贵州南部山区为例，这些建筑不仅反映了苗族的民风民俗，而且还具有徽派建筑符号的许多特性。整个建筑外部空间符号组主要表现为：建筑的不同部位块与块之间结合得非常自然、灵活，而且它们大多通过错层、退层等多种组成形式，以构建其外在的形式魅力。

总的来说，黔东南苗族民居建筑最吸引人的地方是其外部空间。许多走廊和房间都悬浮在有限的地面层之上，外观看似混乱，却有一种符合模糊美学的视觉效果。黔东南苗族建筑的内部空间形态，包括布局、室内分隔方式和生活习俗、生活方式都紧密联系在一起。受宗教信仰和图腾崇拜的影响，黔东南苗族建筑的房间被具有特征性的空间分割为多种符号，其生活习俗及不同的伦理标准，与建筑符号的生成有着非常密切的关系。苗族的节庆礼仪很多情况下是在室内举行，所以室内空间是构成黔东南苗族建筑符号的主要部分。

2. 黔东南地区的建筑结构符号解码

黔东南地区多为山区，当地居民没有足够平坦的地段和适宜的建筑材料来建造较好的石质房屋。根据山坡的地形特征，黔东南苗族工匠们使用了大量的石材进行建筑基础的搭建，而在山坡的边缘，则采用木柱支撑建筑物的底部，从而形成了一个特殊的建筑类型。这种建筑形式由使用功能衍生而来，不仅可以防止受潮，还可以防止野兽的攻击。更重要的是，在一些特殊的地理条件下，这种建筑形式能有效地适应山地地形的需求，将坡地空间利用起来。黔东南苗族地区所形成的这种建筑形式与传统的干栏式建筑结构相比具有更突出的优越性。在黔东南苗族村落，这种建筑形式，是对其所在地进行长期驻扎所获得的最为成功的探索。而临江的黔东南苗族家庭可以使用的构建技术更加有限，为了获得更好的生存空间，只有将建筑延伸到水边，并在一定的高度沿着水域空间进行拓展，从而形成了一道独特的风景。

过去说的"四排三开间"的建筑组织方式在黔东南苗族建筑中使用广泛。但为了方便日常的礼仪活动，大厅和厨房空间大。为了便于功能区分，一般在地面上多立一块木柱进行装饰。这种特殊的结构一般出现在经济条件比较富裕的家庭。从结构层面上分析，这种处理手法缺乏一定的灵活性。

3. 黔东南苗族建筑构件的符号

黔东南苗族建筑在构造方面最为突出的特点应当是"上梁不正"。其穿斗结构颇具江南特色。对比黔东南苗族地区以前的建筑可以发现，木材立柱和大量的斜梁，多是沿着屋顶的方向铺展开来，并在柱顶部通过支柱形成坡度，从屋顶一直延伸到屋门口。正因如此，黔东南苗族建筑的木材框架梁、柱，在水平方向并没有完全的对应关系，而这样的处理方法就可以使室内的空间分割更加灵活，可以按需要进行建筑内部尺寸的控制，通过调整得到一些更宽广的房间。这种处理手法与黔东南苗族人民的生活方式和风俗习惯等有着很密切的关系。黔东南苗族人民节日祭祀和聚会较多，有很多祭祀活动在室内举行，因而需要通透宽敞的室内空间以更好地进行祭祀、聚会等。

由于斜梁的作用，很多柱子的位置可以不受檩子位置的限制，可以适当减少一些横梁与瓜柱。与一般的穿斗式木构建筑的屋架相比，黔东南苗族建筑的屋架具有更大的自由度。黔东南屋架层可以形成更为灵活的空间，还可以把其作为卧室或客房使用，从而达到充分利用室内空间的良好效果。黔东南苗族民居一般在房屋前方设有前院，所形成的区域被称为"太阳谷"，多用于谷物晾晒和户外聚会。条件允许的家庭，会用矮墙将院落围合起来，并设置专门的入院门。因此，门的朝向控制和建造，也成为黔东南苗族建筑建设的重要一环。此外，门是一个家族的颜面，所以更凸显其重要性。

贵州苗族人认为，主屋的布局方向应朝门，只有这样，才能"去除邪恶"。因此，人们经常看到苗寨建筑的建设走向、建筑内部的门与主屋的布局方向不在一条直线上。这种做法可以增加黔东南苗族建筑图形符号的丰富性，尽力控制较少的线性布局形式，也使整个苗族建筑看起来更加自然，具备更充裕的人文特性。

3.1.6 建筑装饰

黔东南苗族建筑的装饰部位较少，没有过多或过于复杂的装饰。大部分苗族居民对房屋建筑装饰并不是十分关切。究其原因，大概是因为装饰是居住功能之外的一种建造活动，是一种审美性的额外消耗，不是普通人家的追求。苗族人建筑装饰体现的是源于人们生活的物质和精神层面的基本需求，多为一些朴素的精神诉求。如房屋主人对于生命繁衍的期望。对于某些居民来说，对居住建筑进行局部或整体的装饰，是追求某种崇高意义的行为，能够体现居住者的精神品位、情趣志向。

东部方言区苗族的建筑物多采用装饰性的图案表达多层面的寓意，而且这些图案寓意很容易读懂且具有很强的叙事性。这些图案被刻在建筑装饰部件上，主要体现苗族人民对繁衍、勇敢、力量和健康的追求，既不是为了教化，也不是为了显示权力与崇高。在东部方言区苗族建筑的堂屋，上方的阁楼层一般不铺设地板，以便站在堂屋里就可以直接看见房屋的中梁。

西部方言区的苗族居民比较注重修饰中堂，也就是堂屋。普遍做法是在大门外侧门龙柱上方悬挂一口碗，下端系一些红布条。门龙柱的中间或安放一面小镜子或贴上一个用纸画的八卦图。有时采用红黑相间的方块涂饰作为壁板外侧的装饰图案。这种图案在东部方言区苗家的家具上也可见到，但是对二者之间的相互关联性很难做出确切的判断。东部方言区苗族涂饰的这种图案代表家中有永不熄灭的火，即黑色的方形外框代表房屋处于黑夜，里面的红色方形代表火塘里的火光，把房屋的每一个角落都照亮，象征生活红红火火。从色彩层面上去理解，黑色、红色与苗家火塘的空间色彩形式或许有一定的相关性。火塘区房屋的房梁、壁板长期受烟熏而呈黑色，而火塘中的火苗则直接被定义为红色。

中部方言区的苗族房屋都普遍安装有俗称"豆安息"的美人靠和类似太阳花的屋脊瓦塔，如图3-4、图3-5所示。在东部方言区苗族的建筑中，只要建造房屋并盖上青瓦屋，脊瓦塔装饰就是必须有的装饰，但工匠或者使用者却不完全明白这样做的文化意义。还有受汉族"鲁班式"建筑形制衍生而来的"家先壁"和苗族民居堂屋的后壁板在一定程度上有着相似的概念。有的苗族居民特别是接受过较高教育的人家常仿造汉族建筑的"家先壁"，在堂屋内部建造祭祀用的神龛，让祖先神灵也居住在堂屋正位。一些苗族人家即使不建造用来供奉祖先的神龛，也常在中堂放置大方桌作为祖先神灵的居所。

中部方言区苗族建筑公共性质的活动空间是人神共栖的堂屋。家庭中的祭祀、典礼等重大活动都在堂屋进行，而且以往还会在堂屋内吹芦笙。因为芦笙比较长，需要更为高耸的室内空间。由于堂屋承载着精神信仰，因而比较注重对房屋中柱的一些象征性修饰，会对设立于"家先壁"下的神圣空间做适当的装饰。

图 3-4　美人靠

图 3-5　屋瓦图形

　　对黔东南苗族民居装饰行为的顺序进行总结，能够发现以下具体规律：由主到次，由主屋到次要性的附属建筑物；由生活主要使用的建筑空间到有审美需要的空间。但是，整体来讲，建筑的装饰性环节对苗族普通大众存在一定的盲目性。就屋脊瓦塔的造型而言，苗族居民往往不能够清楚地认识为什么在屋顶做这样的装饰，也不了解这样的装饰在地方文化体系中所代表的真正寓意。在苗族民居的房屋屋脊上，有时会用鸟形图案进行修饰，在房屋的柱基石上面也常常雕刻形态各异的花纹和动物图案，房屋主人，包括房屋营造的工匠，往往只是认为这些图案具有吉祥的寓意，但真正探究如此的图案是否代表吉祥，而不是灾厄，就很难对各种装饰图案的寓意和出处有明确的把控与了解，多数装饰行为并非源自深刻的文化内涵而发起的。

1. 屋脊装饰

屋脊是苗族建筑装饰中最为精彩的部位之一，它处在建筑的外部，是能够直观地看到的装饰部位。屋脊的装饰主要集中在脊身和尾端。东、中、西三大方言区的苗族房屋屋脊瓦塔的堆叠形式比较相似，两端有往上卷曲的翘角，在屋脊的正中间堆叠一个小瓦塔。这个位于屋脊正中间的装饰物，有的地方把它做成一个圆形的图案。著名文化学者靳之林先生认为这样的图案有"两极与通天"的寓意。但是，这种瓦塔造型并不是苗族独有的建筑文化符号，与苗族相邻的周边族群都有这样的建筑文化符号。这样的屋脊处理手法常常具有一定的继承或模仿的成分。这样的符号并非某个民族单一的文化符号。

房屋屋脊两侧的装饰叫"鸱吻"。在中国古代的传说中，鸱吻是龙的第九个儿子。鸱吻的外形极像四脚蛇剪去尾巴。据说这位龙子特别喜欢在险要之处张望，有降雨的神力，也喜欢吞火。鸱吻的做法与中国中原地区传统建筑的屋脊兽做法有一定的相似性。苗族居民和工匠将其布置于脊端，一来祈求降雨，二来祈求房屋不受火患。随着时代的改变，苗族建筑中的鸱吻在称呼、材料、造型方面都发生了一定的变化。一些山区苗寨建筑的正脊装饰有时会采用花草虫鱼等动植物题材，或许这就是山区苗族人民亲近自然，与自然融为一体的方式。

苗族民居屋脊的中部称为"腰花"，多数民居的腰花处理较为简洁，具体做法为用白石灰刷白，用小青瓦叠拼成花瓣或钱币形状的装饰图案，或用砖雕手法刻出"福""寿"等字样，寓意健康多福。如此可以看出苗族人民对延年益寿、后代繁衍的期望。一些经济条件好的住户建造的房子和比较正式的建筑会选择复杂的吉祥图案进行装饰，比如各种鸟兽、仙人、暗八仙等图案。通过这些装饰图案可以看出苗族人民对美好生活的向往。屋脊除了具有一定的装饰作用外，还有压住瓦垄，防止瓦片松动的作用，与顺房檐堆叠的屋瓦形成有效的物理遮挡，可以很好地避免雨水渗漏到室内。

"座头"指苗族建筑马头墙端部的装饰物，又称"阔头"。一般采用传统建筑装饰中最为常用的灰塑手法进行修饰。具体的工艺过程是用白灰或者贝灰为主要原料，再混合稻草或草纸等，最后制作成为灰膏，然后在建筑上塑造成型。黔东南苗族的建筑的座头一般会以鱼为装饰题材进行装饰，具体的处理过程中，会将鱼刻画得很生动、抽象，具有强烈的装饰性。用鱼纹装饰马头墙的座头，可能是取鱼会喷水能够灭火之意，为了避免火灾，与"鸱吻"装饰的功能有一定的相似性，主要表达人们对平安美好生活的向往。另外，还有许多苗族民居房屋马头墙的座头采用清水脊的做法，在造型上更加简单、经济，朴实素雅。

2. 门窗装饰

中国传统建筑的装饰，既注重装饰性，又注重实用性。人们在更好地发挥建筑构件使用功能的同时，往往对建筑构件本身还有着深刻的审美追求。比如传统建筑中的门窗。

苗族建筑多为木窗，常通过正方形、长方形、菱形或多边形等几何图形进行装饰，体现出一种整体划一的秩序感和富有节奏的韵律感，看似简单，却仍然具有十分丰富的文化内涵，如图3-6所示。也有部分门窗采用复杂的木雕雕刻工艺进行装饰，采用寓意吉祥的花虫鸟兽纹样，或当地流传的传说人物、故事等作为基础性的元素进行修饰，进一步增加了装饰图案的叙事性韵味，很好地体现了苗寨人民对自然和生态环境的热爱。另外，人们会采用谐音手法来挑取形象构成雕刻内容。比如：吉（鸡）庆有余、三阳（羊）开泰、喜（喜鹊）事（柿）连（莲花）年、六（鹿）合（鹤）同春等。

图3-6 窗户几何图案

3. 图腾装饰

黔东南西江苗寨的每户人家房屋中柱上必挂牛头已成为一种约定俗成的习惯。苗族人对牛的崇拜可以追溯到远古的蚩尤。蚩尤是中华始祖之一，苗族的祖先。传说中，蚩尤背生双翅，面如牛首。牛是苗族的神灵，地位崇高，在任何祭祀活动中，牛头都是一种神秘的象征。苗族人认为悬挂牛头可以帮助家庭辟邪，保佑生意兴隆，是镇宅招财之物。苗族人在房屋建造的各个环节中大胆地应用牛头造型和图案，或悬挂于门墙，或立于园景之中，或融合在设计建造村寨的过程中，或在地面铺装的过程中以卵石进行拼贴，所形成的夸张的造型都具有极强的装饰性和艺术表现张力，进一步烘托出苗寨浓厚的文化气息。

4. 吊瓜装饰

在建筑地基之上，为寻求更宽阔的二层空间，在退堂、美人靠等部位所形成的悬挑，便是吊瓜部件衍生的基础。苗族建筑中的吊柱有八棱形或四方形之分，在下方常作雕绣球或金瓜、南瓜等装饰，如图3-7所示。吊瓜作为苗族建筑构件的一种类型，虽形式单一，一般为原木材质，但对其进行修饰却能够体现出十分丰富的视觉效果。吊瓜能够有效丰富屋檐口的装饰性，突显建筑的精细，不仅有装饰作用，而且能起到滴水、防风、防火的作用。

图3-7　吊瓜装饰

5. 立面装饰

偏远地区的苗族建筑台基、屋身、屋面等的处理手法比较简洁，整体视觉感受古朴，与自然环境浑然一体。在房屋的各个立面中，背立面和侧立面的立柱、枋及墙板的装修较简洁，而前立面的装修特别是堂屋部分往往会精雕细刻。

黔东南苗族吊脚楼在整个区域的苗族聚落中，对建筑立面的装饰尤为讲究。

以堂屋为整个建筑构图的中心，依靠出挑的美人靠和垂花吊瓜作为整栋房屋装饰的醒目之处，颇有民族特色。

　　在稳重的石砌屋基之上，采用石材突出建筑源于自然的和谐形态，采用横竖线条对比的柱、枋和嵌入其中的壁板，组成整体的木质墙身，木材质感表露无遗，木纹清晰可见。不管是从山谷道路仰望还是从山坡进行俯视，能够直观地看到建筑屋脊的形态。其屋面起翘，微曲的青瓦屋面，既有不同材料的质感和色调，又能够与自然环境融为一体，统一协调、尺度宜人、虚实结合。

6. 色彩装饰

　　黔东南地区的建筑常以灰色的屋顶搭配褐色的木质外墙，并在局部装饰以白色的墙体。因此，在进行苗族建筑设计时，在建筑配色方面应保持村寨建筑整体色调和风格的和谐统一，并与周围的环境色彩相协调，尽量以苗族传统建筑的屋瓦灰色及木色为主色调，尊重民族传统文化的延续性。

3.2
西江苗寨建筑文化解读

　　黔东南苗族建筑是一种综合性文化的载体，体现出特定地域种族的社会意识，并与良好的民族特征相吻合。从建筑造型的宏观方面来看，房屋作为一个组合式长方形，与山坡很好地嵌合，整体感觉既优雅又给人一种清新健康的美学姿态。屋子的造型十分的稳定，给人一种安静且神清气爽的感觉。这样一种"静"表现出一种典雅灵秀的美感和一种挺拔健劲的美。

　　通过简单的分析可以看出黔东南苗族建筑内外分为两个部分，内部柱与梁等建筑构件主要形成一种相互垂直的关系，从而构成一个相互不同、相互垂直的立体化空间，并由此奠定了一个矩形结构的基础。最后逐个地延展组合，从而形成房体。但是，屋面由于存在排水的必要，整个建筑必须往一面倒水或者两面倒水，而这样就导致了其三角形的结构形式，这是从纵向进行观察，如果从横向观察，它仍然是一个长方形。一面倒水构成直角三角形，而两面倒水则构成等腰三角形。

　　如果从横向观察屋盖，它是一种三棱体，和苗族"马尾斗"的样式十分相似。因此，黔东南苗族建筑的上分与中分就是一个三棱体与长方体的组合。至于房屋的中、下分，也就是台基部分，也是一种长方体构成。这样一种建筑形制，除了其结构上的稳定得到了相对保障之外，更在艺术感觉上给人一种端庄稳重、阳刚挺拔的感觉。虽然苗族建筑整体上以灵活的直线构成，但在一些局部的处理上，也会涉及曲线的使用。比如屋顶的正脊虽然会用直线，可是在铺设脊瓦时，正脊两侧则会用瓦片叠加起翘，这样从横向观察就变成了一条弧线。除了技术上需要进行这样的处理外，也会在视觉上会给人以一种雄健流畅的感觉。整个屋面处理成弧形，一方面是排水的功能需要，另一方面体现了一种柔情之美。黔东南苗族建筑开放式的木廊，特别是整个房屋栏杆的直线都能够与曲线融合，刚柔相济，和谐而优美。

　　黔东南苗族建筑木廊的吊柱（吊瓜）在其出挑后悬挂于空中，会给人一种不安全的感觉。为了完美地处理好这样的缺陷，苗族工匠对吊柱进行了大量的装饰性处理，一般会将其雕刻成金瓜或荷花状，利用视觉收敛的作用，克服吊柱悬空的感觉，增强建筑整体的美感。黔东南苗族飞檐翘角，也会悬挑出木质栏杆，其栏杆也会采用各种各样象征吉祥如意的图案进行雕刻。

黔东南苗族吊脚楼通常会分几层，而房屋窗户的花形也是千姿百态，这就使得整个宅院的房屋，一座邻着一座，从而连成了一片，排列整齐，互相呼应。院落中那些互相勾连的屋檐水沟全部用青砖砌成。台阶的四周通常设有一个很大石蟾蜍，雨季时雨水可以通过石蟾蜍的嘴不断流到天井的周围，从而形成了四水归堂的格局。

黔东南苗族民居别致的形式与风格，给人一种极好的审美感受。将黔东南苗族建筑作为审美的对象，除了可以体会其与一般建筑艺术不同的审美个性品格，还可以了解其丰富的文化内涵。黔东南苗族建筑即使从外侧可以甄别为同一类型的建筑，其内部却各具特色，而且可以相互竞秀。苗族建筑在整个三维空间当中创造了一种出类拔萃的静态视觉形象，而且蕴含了极为丰富的艺术内容，具有超越视觉的特异品质。不论是远眺近览，还是平视仰瞻，黔东南苗族建筑都呈现出一种雅致的形式和风格，给人一种"浓妆淡抹总相宜"的美感。

黔东南苗族建筑流动的视觉效果会给人一种特别浪漫的感觉。其建筑大多依山就势而建，且大多依山傍水，具有一种平顺的视觉效果。在人们观察这些环境的时候，可以感到一种生动活泼且毫不生涩的文化气息。虽然是一种静物，但这确实使人感受到一种极强的动感，整个建筑相互协调，且形态足够庄重，在富有空间错落的弹性节奏感之时，给人一种洒脱、淳朴深沉与爽心悦目的别样美感。

总而言之，黔东南苗族民居不论是外形还是内部构造，都呈现出一种恰到好处的比例关系与分层有序的对称美感，静中见动，动中趋向统一的多层次均衡感觉。这种动态性的多层次视觉均衡，使整个建筑形态产生了别样的审美效应。

毫无疑问，黔东南苗族建筑的艺术美与木质材料的使用关系密切。黔东南苗族民居体现了苗族居民长期的生活美学情感与文化意识，具有浓厚的地域民族建筑艺术特征。这种特征是动态的，不但是一种意识，也反映在地域性的生活习惯中。其房屋建造过程充分反映了整个苗族的宗教信仰和生活状况。

贵州苗族特色建筑蕴藏了十分丰富且耐人寻味的苗族文化内涵和底蕴，体现了苗族特有的历史、民族性格和审美意识。

3.2.1　汉文化的延续

1. 汉族民居渊源

根据史料记载，苗族先人经历过五次以上的大迁徙。因此，在苗族几千年的演变历程中，其文化呈现出多种文化相互交融的特点。黔东南苗族的建筑形制与中原汉族的建筑文化有着密不可分的联系和极深的渊源。具体联系突出表现在"印子屋"和"屯堡人"民居上。印子屋仿照的是皖南民居，其整体布局完全相同。建在平坦地段的"印子屋"，与皖南民居别无二致，而依山就势修建的"印子屋"因受地形限制，很难进行整齐划一的规划，整体布局也更加灵活，有一正两厢式的，也有一正一厢式的。从纵深方向看，其多为"多进院"式建筑，也有向横宽方向发展的"多路院"建筑。而且，许多建筑的内部结构和苗、侗民族惯用的吊脚楼有较大的相似性。

苗族吊脚楼对中柱尺寸有一定要求，最低一丈五尺八寸，最高一丈九尺八寸。总之，尾数是"八"。"要得发，不离八"，是延续了汉族传统文化对数字含义使用的特点。在对郎德上寨的实地调研过程中，我们遇到木匠陈玉生在给自家建房。所建房屋总共 4 间，令人意外的是，内部地面高低不一，中间两间的地面高出侧面两间的地面 15cm 左右。询问他这种做法的主要目的得知，此种做法是为了破除"4"这个数字带来的"不吉祥"。如果所建房屋为 3 间房则可以不对地面的高低进行区分。这种数字层面的趋吉避害的概念与汉族文化极为相近。

2. 敬鲁班

苗族木匠也以鲁班为祖师爷，这无疑也是来自汉族文化的影响。在房屋建造之前，苗族木匠会举行"敬鲁班"的仪式，意为"敬祖师爷"。尽管有些人可能并不知道鲁班为何许人，或者将鲁班界定为一位法力无边的神仙，但也不会冲淡人们对鲁班的崇敬。在苗居建造过程中，敬鲁班的仪式有着明确的流程和逻辑顺序。无论是建造仪式还是建造规则，都可以看出其与苗族原生巢居文化和汉族建筑文化的联系。

3.2.2　建筑选址、选材与装饰中的图腾崇拜

苗族居民在建筑选址方面主要有"讨个好彩头"的精神诉求。苗族绵延数千年的信仰和传统观念，对其村寨的选址起着非常关键的作用。《山海经·大荒南经》载："有木生山上，名曰枫木。枫木，蚩尤所弃其桎梏，是谓枫木"。根

据史料记载，苗族人民认为祖先是从由枫树中孵化出来的，所以把枫树作为图腾进行崇拜。湘西苗族称枫木为"妈妈树"，它和蝴蝶一起成为生殖、繁衍的象征。在苗族服饰中，"枫木、蝴蝶"纹样所表现出来的多是一派浓厚的生殖氛围。《苗族史诗》里有"枫木篇"，认为枫树生蝴蝶，蝴蝶妈妈生十二个蛋，从蛋中生出各种动物和人类始祖"央"。苗族村寨选址一定要在有高大枫树的地方，因为他们认为有枫树的地方就能够得到祖先的庇护。如果找到一个山环水绕适宜农耕的地方，却没有枫树，就要先种下枫树，看看枫树能否成活，再决定最后是否在此处建寨安家。

对于枫树图腾的崇拜，还有另外一套说辞。苗族的枫树图腾崇拜与蚩尤桎梏化为枫树的神话有着紧密联系。虽然枫树与蚩尤没有直接的联系，但是在蚩尤战败后，枫木是由苗族祖先蚩尤枷锁衍化而成，附有蚩尤灵气。《云籍七签》卷一百《轩辕本纪》也说："黄帝杀蚩尤于黎山之丘，掷械于大荒之中，后化为枫木之林"。

枫树作为苗族的重要图腾，其精神价值在建筑方面体现在枫树是苗族建筑中柱的主要材料。苗族建筑大都采用穿斗式结构，需要许多柱子作为建筑的支撑构件。其中，堂屋中柱的选择最为讲究。苗族认为，在自然环境极其恶劣的条件下，枫树仍然能生长得十分的茁壮，这显示出枫树极强的生命力，寓意一家人能够安康长寿。因此，苗族匠人在建造房屋时，都会尽力使用枫树来当建筑材料，尤其是一定要寻找挺拔的枫树树干来做中柱。在选择枫树的过程中，对于意向枫树的条件把控十分严格，生长在坟墓、道观、寺庙等地的枫树，绝对不能用来做建筑材料，更不能用来做堂屋的中柱。因为这些地方都与死亡有着直接或间接的联系。如果误选了建筑材料，会被认为是触犯了祖先神灵，会遭到报应。

除了对枫树、蝴蝶等的图腾外，湘西、黔东南雷山等地的苗族还以牛作为图腾。许多苗族建筑的门上会有一对牛角形门钮，主要目的是希望以牛的威力护家。还有苗族民居在堂屋安放牛角进行祭祖，在礼仪聚会时用牛角杯请客喝酒，这些都表明苗族以牛为图腾的观念。

此外，苗族民居常以雀鸟对屋脊进行装饰，整体形象栩栩如生，颇具形式美感。在房屋的屋面采用鸟进行装饰，很好地反映了图腾崇拜在苗族的民族意识和民族文化中产生的心理印记，这都是苗族承继了鸟图腾精神信仰的体现。前文提到苗族喜好以枫木为"保寨树"，以枫木做房屋中柱。如此看来，对枫木的崇拜，不是单纯自然意义上的崇拜以及赋予家庭更加生机勃勃的寓意，而是与氏族血缘有着密切的关系。

3.2.3　生态内涵

　　黔东南苗族聚居地的乡土景观是能带来亲和感的景观，因为其具有人性化空间尺度。黔东南苗族聚居地的乡土景观还被称为养眼的风景，因为其主要以绿色为主体，具有十分丰富的生物群。黔东南苗族聚居地乡土景观可以给人一种宁静感，是人们心里想象的故乡风景，具有丰富的内涵。

　　1. 黔东南苗族乡土民俗的和谐内涵

　　在黔东南苗族聚落，群体区域的思想观念冲突很激烈，但乡土民俗是维系村民和谐关系的一个重要措施。在黔东南州大多流传着地方主义和家庭意识谚语，如"眷恋家园"等。具体的村寨聚落划分，往往采用围墙将家族圈在一起，源于长期合作劳动和频繁的交往形成的相互依赖与信任。这主要反映在以下几个方面。

　　第一，保护自然资源。黔东南苗族、侗族村落拥有的自然资源相似，为了避免不必要的冲突，村庄之间的各种事务需要协商解决。

　　第二，维系群落机制。受环境的限制，当地的生产实践和一些大型活动必须依靠大量的人力来完成，如婚礼、葬礼、水利工程建设等。村民自发的合作关系不可避免地会产生一些民事纠纷，所以村庄里会有一些重要的规章制度以明确个人权利和义务。

　　第三，维护群落的社会治安。在黔东南苗族、侗族村翟李，人们为了维护社会稳定衍生了维护社会稳定的民约，这是限制居民各种不良行为的有效手段。人与人之间，村与村之间，甚至地方和地方之间，社会治安一般通过民约来解决。

　　2. 苗族聚居区所信奉的道义

　　由于生活环境特殊，黔东南少数民族所信奉的道义具有独特的文化特征。

　　河流一直是人们生存不可缺少的元素，因而人们对水产生了良好的依赖性，人们在山水之间寻找在此繁衍生息的机会。人们与山地、树木保持着密切的关系，因为树木和土地为人们提供必要的食物和住所等物质资源。黔东南苗族地处山林内部，与自然很好地融为一体。在黔东南苗族的聚落和建筑中，蕴藏着丰富的生态内涵。

　　3. 灵活运用地形和土地

　　自古以来，村落形成的关键都与地形和水源状况相关。村寨和建筑的建造要符合水源供给和地形起伏的态势,以避免自然灾害和有效防御外敌。街道建造能够灵活运用原有地形,对居住环境的安定具有重要作用。黔东南苗族人民扎寨安家的地方都经过慎重选择,虽然许多单体建筑建在湿地或斜坡地带,给人们的生活造成很多不便,但黔东南苗族聚居地的人们大多不会损坏原地形,而是利用适地化技术进行耕作,设计出具有高差变化的乡土景观。黔东南苗族聚居地的乡土景观往往依照自然特征进行设置。黔东南苗族聚居地人们可以采用很多流畅的曲线元素进行设计,让整个聚落与大地形成了一个整体,形成更具生动性的空间。

4. 灵活运用水和水畔

水在黔东南苗族的生活中十分重要,在黔东南苗族聚居地的乡土景观当中,建筑与水的处理方式十分灵活,并很好地利用了循环性的水源。黔东南苗族聚居地的水资源十分丰富,当地的百姓在使用水资源时对水源的流向和水系的连续性等皆有相应考虑。比如,在黔东南苗族农业用水中,很多水系一般是顺应地形修建的梯田,而且形状类似人体大动脉,主渠道贯穿一整片梯田所在地域,而分渠道如毛细血管一般深入到水田当中,每一块的水田毗邻的分渠道又可以设置水源入口。当稻田需要水灌溉的时候可以打开水源入口,而水满之后则会用石头水阀阻断相应的水源供给。黔东南苗族地区多为梯田,某块水田的水即使漫出,也会漫到下级的梯田,不会造成水资源的浪费。梯田的形状大多具有高度的自由性,因而苗族人们一般不会固定水的流路,而是任其自由流淌,以促进植被的生长,从而形成极具趣味的水系景观。苗族聚居地乡土景观有时会涉及多种跌水形态。水在流动过程中产生多种多样的形状,同时具有净化水质与营造生物多样性的作用。

坚持传承苗族原生态文化,走文化原生态之路,使得西江千户苗寨风景别具一格。通过传承苗族千年的古老文明,创造性地营造各种风景,做好自然资源和文化保护是传承文化遗产的重要途径。苗族特有的古建筑、民间传统手工艺、风土人情、民俗与节庆等都是非常宝贵的文化遗产。但坚持原生态的文化传承并不是封闭式地与世隔绝,应科学地进行少数民族文化传统保护的有益尝试和探索。

5. 自然和谐的生态观念

黔东南苗族村寨传统民居自然和谐的生态观念主要表现在对山林和环境绿化等方面的保护。苗族民居建筑的布局基本都是随着地形的变化而变化,与自然环境巧妙结合。经过上千年的实践,苗族人民逐渐总结出如何适应自然,与之协调发展的有效经验,在利用自然资源时也很好地注意到了生态环境的保护。

比如，苗族不会在适合耕种的坡地上建房，而是通过筑台立基建造吊脚楼，且极少大规模开挖山体平整地基，因而保护了大片的农田和山林植被。这在客观上使得人们向自然界索取较少，对生态环境的破坏也没有超出自然环境的调控能力，有利于自然界生态平衡的保持。

此外，同一村寨的民居大量使用本地的天然建筑材料，建房的结构和方法也基本相同，这不仅使建筑物的形式、色彩和质感保持了统一风格，也使民居建筑物与自然环境显得很和谐。在村头寨尾栽种的长青树木，体现了人与自然的密切关系。同时，古树也被视为一种象征或寄托。

在民居建筑周围如何绿化，经过长时间的摸索，综合考虑生态、观赏和实用功能等方面，苗族人民凭借自身的经验总结出：梅树树干不大，不遮挡阳光，造型优美，宜植于稍高又避雨的住宅北面；榆树生长速度快，木材直，可用来打造家具、农具；樟树枝叶繁茂，能吸附烟尘、防虫，种于房屋四周能净化空气，保护环境；竹生长速度快、耐阴，适宜种植于宅后，同时可用来加工制作生产工具。

总之，民居建筑与周围环境和谐统一，展现着苗族传统民居建筑优秀的生态观念。

3.2.4　黔东南苗族聚落衍生的人文关怀

1. 以人为本，因地制宜的建筑环境设计

以人为本就是指满足人的生理、心理的需求和健康，尊重传统文化、风俗习惯、宗教信仰等。苗族建筑，土生土长，乡土气十足，反映了一个特定民族、特定地域的生活理念、风土人情，成为苗族风俗文化活动的空间和场所。苗寨不论是选址还是总体布局，都满足了苗族人民生理和心理的需求，反映了苗族人民在特定地域独特的生活理念。

可以说，选择居住地的位置也是在强调周围的环境因素，环境的好坏将直接对人们的生活发生影响。黔东南西江苗寨，充分利用山体结构创造了很多理想的生活环境，利用天然山脉，因地制宜，坚持以人为本，可以很好地达到适应人民大众营造美好生活环境的基本要求。在满足基本要求的前提下，设计者还要考虑当地的条件和环境。不同的自然风貌和地理位置等因素的影响不同，黔东南苗族建筑的建造要充分考虑各个区域的功能性，而且要充分利用当地的地形特征。例如，一些苗族民居，巧妙地利用地形，实现与周围环境的完美融合。这在我国目前的居住环境改造过程中，可作为方向性的参考。

　　在现代城市的居住区，我们可以看到一些完全不同的景象，不少开发商建造房屋完全是在破坏自然环境。从获取最大地面面积的角度来讲，它是赢家，但从设计的角度看却是失败的。比如，将其他地域的一些植物移栽到住宅区，而这些植物无法生长，很快就会失去了活力，直接产生很多失败的景观设计案例。我们应按传统民居的营造法则进行思考。例如，江南水乡的房子有些建造在水中，而且有时可以将家安放在船里，这就很好地利用了地形的优势，给人民提供了更加方便、合理的生活。

　　城市居住区的内部景观，完全可以因地制宜。例如，在新建建筑的区域，保留原有的旧建筑，甚至对周围一些宜人的环境进行人群休息空间的设计。再比如结合周边环境，合理使用水源，并在生活区搭设桥梁，凸显古诗词中的意境与氛围。人类与自然环境的相互融合是我们追求的一种理想状态。黔东南苗族传统民居，强调人与自然应结合起来统一思考，在保持其生物多样性的同时满足人的精神需求。

　　2. 发挥所长，对建筑物进行完美设计

　　黔东南苗族民居建筑的内部空间，往往非常拥挤。每个功能空间都有其独特的功能，但也需要保持一定的私密性。虽然人们也将如何更好地利用空间作为一项重点内容来思考，但很多情况下仍然无法避免死角的存在，比如楼梯空间。因此设计师的专业素养主要体现在他们对空间的合理利用，以及如何实现整块与零碎空间的合理使用方面。

　　黔东南苗族居民对室内空间环境氛围的营造也非常重视。第一，要利用自然景观，创建具有意境的空间氛围。苗族民居建筑在营造室内空间环境气氛时，常常会尝试把自然元素引入室内，从过渡区入口到室内走廊及核心区堂屋，有效融合外部空间将户外风景尽收眼底，在冬天能够享有温暖的阳光，在夏季能够借助优良的通风而感到凉爽。第二，利用门窗和其他建筑组件创建虚实得宜的空间环境，并通过门窗来借景，将自然风光引入室内。同时也使室内空间向外延伸，从而扩大室内空间。苗族民居室内外空间相互渗透，融合效果值得称赞。

小结

　　相对于其他少数民族地区，黔东南苗族聚落及其风土建筑是根植于当地居民精神世界的物质形态。沿袭数千年来的迁徙历程，苗族建筑的形制随着地域性特征不断产生适应性的改变。在时代的传承过程中，结合外来的汉文化，在中国传统建筑统一形制的基础之上，又不断衍生出属于自己的建筑形态。黔东南苗族建筑在建筑形态、建筑装饰、木质构件加工及组装等多方面，都展现出自身独特的文化气息，多类型的文化意识也赋予苗族房屋注入了更为深刻的内涵。

　　苗族建筑是苗族人民智慧的结晶，通过融入自然、尊重自然，体现出人文主义的观念，是人与自然美妙关系的伟大尝试，为当前城市化进程中的中国提供了优异的经验。

4

西江苗族建筑文化传承与
保护的弊害分析

4.1

政府政策

4.1.1　旅游政策

随着中国特色社会主义建设逐步深入，为了更好地统筹城乡发展，缩小城乡差距，党中央出台了一系列巩固发展农村的政策，积极推进农村基础设施建设。中国地大物博，有着丰富的地域文化，许多中国偏远地区的农村村落，虽然生活在低质量、低经济指标的状态下，但有着弥足珍贵的文化资源，在全国范围内更是掀起了一场大规模发展旅游业的旋风。上至国家，下至乡镇，连续出台了一系列推动中国旅游发展的新政策，见表4-1。

表4-1　国家旅游发展政策

名称	时间	发布单位	备注
旅行社条例	2009年5月1日起施行	中华人民共和国国务院	本条例所称旅行社，是指从事招徕、组织、接待旅游者等活动，为旅游者提供相关旅游服务，开展国内旅游业务、入境旅游业务或者出境旅游业务的企业法人
风景名胜区条例	2006年12月1日起施行	中华人民共和国国务院	风景名胜区的设立、规划、保护、利用和管理，适用本条例。本条例所称风景名胜区，是指具有观赏、文化或者科学价值，自然景观、人文景观比较集中，环境优美，可供人们游览或者进行科学、文化活动的区域 在风景名胜区内进行建设活动的，建设单位、施工单位应当制定污染防治和水土保持方案，并采取有效措施，保护好周围景物、水体、林草植被、野生动物资源和地形地貌

续表

名称	时间	发布单位	备注
国家旅游局关于修订《导游人员管理实施办法》的决定	2005 年 7 月 3 日起施行	国家旅游局	省、自治区、直辖市和新疆生产建设兵团旅游行政部门组织设立导游人员等级考核评定办公室，在全国导游人员等级考核评定委员会的授权和指导下开展相应的工作
旅游法	2013 年 10 月 1 日起施行	第十二届全国人民代表大会常务委员会	国家建立健全旅游服务标准和市场规则，禁止行业垄断和地区垄断。旅游经营者应当诚信经营，公平竞争，承担社会责任，为旅游者提供安全、健康、卫生、方便的旅游服务
贵州省旅游条例	2012 年 1 月 1 日起施行	贵州省人大常委会	本省行政区域内旅游促进、旅游资源保护和开发、旅游监督管理、旅游经营与权益保护、旅游安全与保险，适用本条例。发展旅游业应当突出多彩贵州特色，实行政府引导、社会参与、市场运作，坚持与多元文化保护传承、生态环境保护、城镇化进程相结合，实现生态、经济、社会效益的统一
黔南布依族苗族自治州旅游发展条例	2011 年 10 月 1 日起施行	黔南布依族苗族自治州第十二届人民代表大会第六次会议通过	发展旅游业应当遵循政府主导、社会参与、多元投资、市场运作的原则，坚持旅游资源开发利用与有效保护相结合，经济效益、社会效益和生态效益相统一，突出地方特点和民族特色

4.1.2　保护政策

　　各项旅游发展政策的出台，使中国特色文化区成为全民共享的资源。在享受这些文化资源的同时，我们需要注意对其进行保护。中国特色传统村落，如西江苗寨，源于千百年来的积淀。不论是非物质形态的文化遗产还是物质文化遗产，它们的存在皆有一定的周期，如果不能有效地传承与保护，中国的特色文化将会走向消亡。在国内旅游业如火如荼的时候，中国的相关部门也出台了一些保护政策，详见表 4-2。

表 4-2　国家文化保护政策

级别	名称	时间	发布单位	备注
国家级	中华人民共和国非物质文化遗产法	2011 年 6 月 1 日起施行	第十一届全国人民代表大会常务委员会第十九次会议通过	国家对非物质文化遗产采取认定、记录、建档等措施予以保存，对体现中华民族优秀传统文化，具有历史、文学、艺术、科学价值的非物质文化遗产采取传承、传播等措施予以保护
国家级	中华人民共和国城乡规划法	2008 年 1 月 1 日起施行	第十届全国人大常委会	城市人民政府城乡规划主管部门根据城市总体规划的要求，组织编制城市的控制性详细规划，经本级人民政府批准后，报本级人民代表大会常务委员会和上一级人民政府备案
国家级	建设工程安全生产管理条例	2004 年 2 月 1 日起施行	中华人民共和国国务院	在中华人民共和国境内从事建设工程的新建、扩建、改建和拆除等有关活动及实施对建设工程安全生产的监督管理，必须遵守本条例。本条例所称建设工程，是指土木工程、建筑工程、线路管道和设备安装工程及装修工程
省级	贵州省环境保护条例	2009 年 6 月 1 日起施行	贵州省人大常委会	本省各级人民政府对本行政区域的环境质量负责，实行区域环境质量领导责任制，落实任期及年度环境目标和任务，保证本行政区域内环境质量达到规定标准。乡、镇以上人民政府的任期环境保护目标和任务，由上一级人民政府确定。县级以上人民政府应当定期向同级人民代表大会或者其常务委员会报告环境保护工作

续表

级别	名称	时间	发布单位	备注
省级	贵州省地质环境管理条例	2007年3月1日起施行	贵州省人大常委会	在本省行政区域内从事地质环境影响评价和监测、地质灾害防治、矿山地质环境保护以及地质遗迹保护等活动，适用本条例。地质环境管理应当坚持积极保护与合理开发利用的原则
省级	贵州省民族民间文化保护条例	2003年1月1日起施行	贵州省第九届人民代表大会常务委员会第二十九次会议通过	（一）少数民族的语言、文字；（二）具有代表性的民族民间文学、戏剧、曲艺、诗歌、音乐、舞蹈、绘画、工艺美术等；（三）民族民间文化传承人及其所掌握的传统工艺制作技术和技艺；（四）集中反映各民族生产、生活习俗和历史发展的民居、首饰、器具、用具等；（五）具有民族民间文化特色的代表性建筑物、设施、标识以及在节日和庆典活动中使用的特定自然场所；（六）保存比较完整的民族民间文化生态区域；（七）具有学术、史料、艺术价值的手稿、经卷、典籍、文献、契约、谱牒、碑碣、楹联等；（八）具有民族民间代表性的传统节日、庆典活动、民族体育和民间游艺活动以及具有研究价值的民俗活动；（九）民族民间文化的其他表现形式
省级	贵州省非物质文化遗产保护条例	2012年5月1日起施行	贵州省第十一届人民代表大会常务委员会第二十七次会议通过	本条例所称非物质文化遗产，是指各族人民世代相传并视为其文化遗产组成部分的各种传统文化表现形式，以及与传统文化表现形式相关的实物和场所

续表

级别	名称	时间	发布单位	备注
省级	贵州省人民政府办公厅关于开展政策性农房灾害保险工作的通知	2014 年 7 月 16 日发布	贵州省人民政府办公厅	按照"政府引导、市场运作、自主自愿、协同推进"和"全覆盖、标准适中、可持续、风险共担"的原则，通过政府补助保费保基本、农户自愿参保保增量的形式，建立健全全省政策性农房灾害保险机制，形成与政府救助互为补充的灾害风险保障体系
省级	贵州省城乡规划条例	2010 年 1 月 1 日起施行	贵州省人民政府	制定和实施城乡规划，应当遵循城乡统筹、合理布局、节约土地、集约发展和先规划后建设的原则，改善生态环境，促进资源、能源节约和综合利用，保护耕地等自然资源和历史文化遗产，保持地方特色、民族特色和传统风貌，防止污染和其他公害，并符合区域人口发展、国防建设、防灾减灾和公共卫生、公共安全的需要
省级	贵州省"十二五"规划前期重大问题研究指南	2014 年 6 月 18 日发布	贵州省人民政府	分析我省"十一五"期间推进生态建设与环境保护取得的成效及存在的主要问题，分析我省重要功能区、主要流域和重点城市的生态建设及环境保护状况按照国家和我省生态建设和环境保护的总体部署，预测分析"十二五"我省生态建设和环境保护的主要指标，并展望到 2020 年研究提出"十二五"期间加快我省生态建设与环境保护的指导思想、基本原则、发展目标、主要任务和对策措施研究提出"十二五"期间我省生态建设与环境保护重大工程和建设布局结合实施主体功能区规划，研究提出进一步完善生态环境与资源补偿机制的思路与制度保障政策

续表

级别	名称	时间	发布单位	备注
省级	修改《贵州省省外勘察设计施工监理企业入黔管理规定》的通知	2009 年 8 月 5 日发布	贵州省住房和城乡建设厅、贵州省工商行政管理局	各地住房城乡建设行政主管部门、工商行政管理部门要加强对省外企业在其所辖行政区域内建筑市场行为的监督检查,积极协助省住房和城乡建设厅做好省外企业入黔备案管理工作
省级	贵州省建筑市场管理条例	2007 年 6 月 1 日起施行	贵州省人大常委会	在本省行政区域内从事建设工程新建、扩建、改建、拆除等建筑活动及对建筑市场实施监督管理,应当遵守本条例。各级人民政府以及从事建筑业的相关单位应当采取措施,促进建设工程科学技术进步
地级	雷山县"七个突破"加快项目建设引领经济"新常态"	2015 年 1 月 22 日发布	雷山县政府	2015 年,雷山县坚持主基调、主战略不动摇,围绕"环境立县、旅游强县"战略,着力谋划和实施适合县域经济发展的好项目、大项目,通过重视项目、研究项目、发展项目来补短板、惠民生,引领经济新常态,把资源优势转化为经济优势,推动经济优化升级

在与中国文化遗产保护相关的政策和法规中,涉及建筑保护的共 13 个,与村落保护相关的共 3 个。但某些保护政策对具体的建筑或古村落缺少针对性,实施细则也过于宽泛,这无疑会在执行过程中产生一些问题。

4.2
生活体制

4.2.1 生活矛盾

从苗族发展历程中可以看出，苗族所经历的大规模迁徙活动有多次：

① 涿鹿之战蚩尤战败，苗族先民被迫从黄河中下游地区南迁。

② 尧舜统治期间，实施"征苗"计划，争夺平原土地，苗族先民又被迫向西北、西南迁移。

③ 明清时期针对苗族的有关政策，使得苗族被划分为"生苗"和"熟苗"。

在历史发展进程中苗族先民具有强烈的"安保"与"生存"意识。苗族族群中的矛盾主要源于战争引起的敌我矛盾，随着迁徙路径延伸至深山老林，面对恶劣的生存环境及亟待解决的生活问题，资源的紧缺使得苗族人形成靠山吃山、靠水吃水的生存理念。面对脆弱的生存环境，生存于此的苗族人在自然灾害面前显得尤为脆弱。苗族人的生活矛盾便演变成生存矛盾与敌我矛盾的共存形式。迫于生存，还需要与自然生态进行抗衡，在祈求获得充裕的粮食等生活资本的同时，也多半在意识形态上呈现出浓厚的封建迷信色彩。其生活矛盾状况分析详见表4-3。

表4-3　生活矛盾状况分析表

	存在矛盾	土地资源	粮食补给	环境依赖性	应变能力
平原生活期	敌我矛盾	充裕	充裕	一般	差
山地生活期	敌我矛盾、生存矛盾	贫瘠	缺乏	强	差

西江苗寨居民迁徙来此闭塞的山林地区，据推断可能已有千年之久。在千百年的生活实践中，人们对各种矛盾进行了积极思考。

深居山林是苗族先民为求安全，躲避外来侵略的有效举措。但山区生活状况欠佳，敌我矛盾演变成对抗野兽侵袭、虫害困扰等矛盾，包括生存矛盾在内，为求生存延续，还需要对自然进行有效改造，以求为我所用。在村落景观形态方面，苗族人民进行了以下尝试。

1. 建筑形制

西江的吊脚楼建筑由原生态干栏式建筑演变而来。干栏式建筑的产生与防范野生动物侵袭有关，但后来随着有关保护措施的强化，逐步演变成全干栏形式。南方地区气候潮湿，干栏式建筑抬高了建筑基面，不仅可以改善建筑下部通风，保持室内干燥，也可以有效防止虫害鼠患，因此在南方广大地区十分流行。而西江苗族的吊脚楼是西江苗族先民根据自身现状进行的有效改造。西江苗族吊脚楼多为三层建筑，通常一层饲养牲畜、二层生活居住、三层存放物品，实现了单位空间面积的高效利用。吊脚楼形制可以在狭窄的地基上构建房屋。一般房屋着地面占房屋底层基面的一半左右，其悬挑部分则通过立柱支撑，完成生活所需的生活空间的构建。在山地区建造房屋不仅能够远离河谷潮湿区，而且房架被架起，还能够有效防止老鼠和昆虫的侵害。此外，二层采用悬挑的形式，能够在扩充居住使用面积的同时，实现"占天不占地"之效。当前西江苗寨建筑形制如图4-1所示。

(a)　　　　　　　　　　(b)

图4-1　西江苗族吊脚楼

2. 村落规划

苗族自古就有在山地上建村落的规划法则。最初迁入山区，主要是出于防范外来侵略和猛兽的需要。随后，人们发现在山地居住存在很多便利性。依托靠山吃山的传统，既方便入山打猎，也方便日常的农耕作业。

西江苗族村落所呈现的是一个无组织无规律的状态，各个建筑体都像蘑菇一样"长"在山中。由此形成的曲折蜿蜒道路也成为一种有意识的选择，因为这种道路可以有效迷惑敌人，让村民能及时组织防卫，或为转移工作赢得时间。村寨内部道路如图4-2所示。

(a)　　　　　　　　　　　　(b)

图4-2　村寨内部道路

　　旅游发展大会的召开，使得西江苗寨成为以旅游业为主导产业的地区。因此西江曾经的矛盾主体也发生了改变。社会的和谐平稳加上资源配备力度的加大，村民不再为防范外敌而劳心，进而转变成依靠政府政策引导开展村寨旅游业，随之充斥在宗族内部的矛盾也发生改变。其矛盾形式主要表现在三个方面，如图4-3所示。

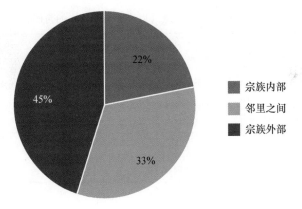

图4-3　生状况分析活矛盾图

　　（1）宗族内部，靠商业发展起来的农户，依托自身的经济实力，开始挑战"鼓藏头"的权威。

　　（2）邻里之间，以开展商业贸易的农户为主，往往因为争揽客源而发生冲突。

　　（3）宗族外部，随着西江旅游业的发展，一些外来经商者不仅在经济上与当地农户形成竞争关系，而且外来经商者对西江苗族文化的错误解释，也成为西江内部潜在的矛盾。

矛盾的变更，使得多数村民不再遵守之前的生活原则和秩序，在村落的规划发展上，也呈现多种观点。调查发现，村寨有65%的居民不再紧邻宗族建造房屋，宗族组织也日渐松散，不再过多地强调宗族内部统一的规划管理，人们更多的是对个人生计的考虑。

4.2.2　生活习性

在2008年旅游开发之前，西江苗族人民一直过着"日出而作，日落而息"的传统生活。西江苗族人民传统的生活习性，依托的是耕作习惯，各项生活的要旨也主要是围绕如何更好地发展农业，保障收成。节日以外的闲暇时光，妇女的工作以编织、纺布、刺绣为主，而男性的工作则以首饰加工、房屋建造、饲养牲畜为主。一个家庭，一年中主要从事水稻种植，辅以渔业，茶叶、中药等经济作物的种植。节庆期间，男士主要负责吹奏乐器，妇女儿童皆参与其中，载歌载舞。西江苗族传统生活作息表与当前生活作息表见表4-4、表4-5，生活习性对照图见图4-4、图4-5。

表4-4　传统生活作息（以当地苗家乐夫妇为例）

时间	男士	妇女
清晨	割草	做早餐、喂牲口
上午	田地作业（早饭后）	
中午	田间休息（吃准备的干粮）	
下午	砍柴	做饭
晚上	休闲娱乐等	刺绣等

表4-5　当前生活作息（以当地苗家乐夫妇为例）

时间	男士	妇女
清晨	打扫房间	做早餐、打扫房间
上午	备餐	备餐
中午	耕作	准备食材
下午	备餐	备餐
晚上	接迎送客等	接迎送客等

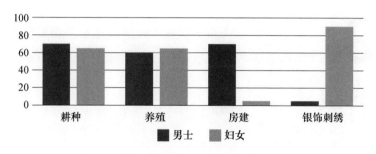

图 4-4　传统生活习性（以当地苗家乐夫妇为例）

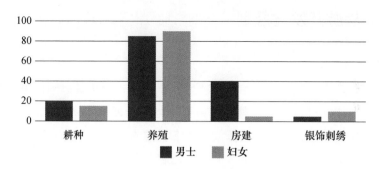

图 4-5　当前生活习性（以当地苗家乐夫妇为例）

　　旅游经济的发展，在很大程度上改变了西江苗族居民的生活习性。传统的农耕作业，被现代化的机械代替，高效的耕作效率，也使得村落中出现了许多剩余劳动力，为求得更好的生计，多有家庭男劳动力外出务工的情况。耕地面积的缩减，使得有些农民改变传统的生活方式，放弃土地的耕种，举家迁移至新兴城市。传统的家庭养殖业也大规模地消失。与此相对，为了适应当前的旅游发展模式，传统的手工制作行业得以复兴，土地耕作不再作为家庭的主要经济来源，许多居民为了更好地吸引游客，投身于歌舞表演或旅游服务之中。

　　西江传统的村落文化不再像过去那样纯粹，失去了农民耕种场景的村落文化，除了外在的物质元素如建筑、服饰、工艺品外，西江苗寨与其他的村落逐步走向一致。西江苗族村落规划与房屋建筑构造，最初主要是为了满足其以稻田耕作为主的生活需要，具有强烈的民族文化情结。村民生活习性的改变，使以往不能适应当代商业传统特色的东西逐步淡出人们的视野。

4.3
商业转型

4.3.1　旅游开发与规划

1. 旅游开发

西江千户苗寨的旅游开发始于 19 世纪 80 年代，由于其地理位置欠佳，发展缓慢。西江苗寨的旅游开发从整体来讲可以划分为四个阶段。2009 年，雷山政府将苗族传统苗年举办点迁移至西江，西江旅游的发展可谓进入了新的纪元。贵州师范大学相关学者的统计数据表明，西江旅游行业近些年呈现井喷式发展，呈现出一片红红火火的状态。2018—2020 年西江接待游客量如图 4-6 所示。

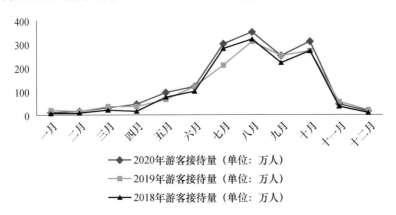

图 4-6　2018—2020 年西江接待游客量

根据当地村委主任统计，西江在发展旅游前期投入的设施维护修缮经费达 8000 万元，在西江政府规定的房屋修缮与基础设施维护期（为每年 11 月至次年 4 月）间隔期内，除组织工作人员进行公共设施的修缮外，当地农家乐的经营者也会根据自身的商业需要进行房屋修缮，如图 4-7 所示。

西江苗寨是历史积淀的结果。随着旅游业的快速发展，为了维持设施的可用性，许多新设备会快速涌入，维护手段也会逐步现代化。在村落更新上，旅游所产生的影响清晰可见。以往村落的更新，基本处在整体更新的状态，新建筑在村落间也基本上以星点散布式存在。旅游业造成村落中心地区的建筑更新周期达到村落外沿快两倍多。

(a)　　　　　　　　　　　　　(b)

图4-7　房屋道路修缮

2. 旅游规划

传统村落的运行机制以服务村落的居民为宗旨，旅游业的发展使村落服务主体从村民变成了游客。为了更好地吸引游客，方便游客参观，在村落的整体规划上，也打破了以往传统的规划原则。在传统村落的规划中，村落内部道路的设置基本只考虑当地居民或牲口的可进入性。公共场所的设置也仅仅考虑苗族节日庆典和青年男女娱乐的需要。大量游客的进入，直接对西江村落的规划提出了新的挑战。

为了更好地展现西江苗族的特色，西江政府要求有条件的居民在自家设立"博物馆"，并对以往使用的农业工具、生活设施进行展示，如图4-8所示。

3. 道路系统升级

在西江传统村落的规划中，道路基本采用二级道路设置，除通往田间和钟鼓坪的主干道外，内部村落道路的设置均比较狭小。为满足车辆的通行和旅游观赏的需要，主干道被拓宽至现代城市道路的宽度，通往山顶"鼓藏头"居所的道路修改成村寨内部主干道，包括村寨其他的生活用道在内，道路设置为三级。在村落古街，为了更好地方便游客参观，容纳更多游客同时进入，道路使用加工的平整石板铺设，与传统的粗糙石板路面形成强烈的对比。

4. 公共区域需求多样化

由于西江处于深山中，为方便村民和游客车辆的停放，停车场所不可或缺。一些休闲观光区域往往采取现代的处理手法进行规划，将观光台设置在较高的位置，如西江观光台区域。换言之，现今遇到的这些新情况与传统的村落规划理念完全不同。

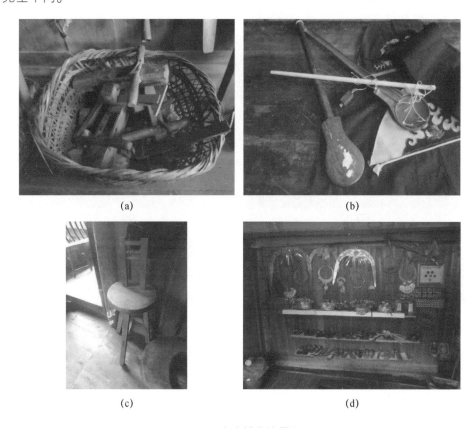

(a)　　　　　　　　　　　(b)

(c)　　　　　　　　　　　(d)

图 4-8　家庭博物馆展品

4.3.2　人口变迁与城镇化

1. 人口变迁

西江千户苗寨是世界上最大的苗族聚落，居民总人口中 99％以上为苗族人，除苗族居民外，侗族、汉族居民各一户。苗族人聚集于此，源于相近的血缘关系、类似的价值认同与共同的民族信仰。生活于此的村民，世代以相同的生活习性生活，也拥有同样的饮食习惯。西江苗寨文化有如此高亢的情感也多源于此。

为了更好地促进西江地区旅游业的快速发展，西江政府积极地开展投融资工作，在对西江首次的开发中，投入了 8000 万元进行基础设施建设，并积极欢迎外来资本进入西江，大量外姓外族人随之进入西江长期居住。由于当地居民缺乏先进的管理理念和丰厚的资金，西江核心商业区的农户往往只能将商铺等租赁给外来人，据了解，当前在西江开展商业活动的店主多半为外乡人。西江苗寨人口变迁情况，如图4-9、图4-10所示。

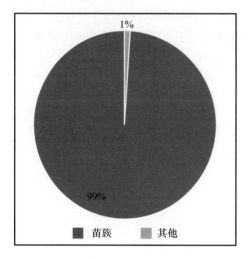

图4-9　2008年西江村寨人口统计　　　　图4-10　2014年西江村寨人口统计

外来人口所带来的外来文化对西江产生了很大冲击，新型材料在建筑中得到广泛应用，如地面瓷砖、铝合金窗等。为了改善室内采光，传统的木花格窗被换成大块的玻璃落地窗，如图4-11所示。

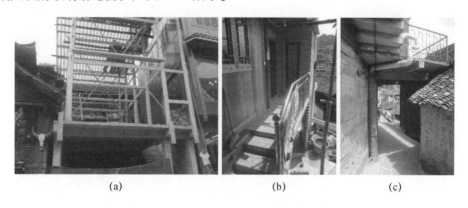

图4-11　新材料在建筑中的应用

根据西江旅游经济现状统计，近些年西江居民的收入差距明显拉大，收入也呈现出从商业核心区向村落外围逐渐递减的状态。外围的村落居民，在旅游旺季会到商业区做服务员，但收入并不乐观。外围的居民仍保留着传统的耕作习惯，为了更好地维持生计，多数人会选择外出打工。近些年，那些能够赚得可观收入的人，返乡后多会对自己的居住所进行改建。由于长时间生活在现代化的城市，体验了砖石建筑的优势，他们往往会以砖石为基材进行建造，其建筑外立面并不采用传统木材进行围护，而是选用易于打理、整洁度高、耐久性强的釉面瓷砖进行装饰，类似的建筑构造形式在当前的西江村寨内清晰可见。为了保证与村落的整体风格协调，后期会使用木纹铁皮等手段进行优化，但与以往的建筑观念完全不同，内部的空间划分也完全不同，这无疑是对传统建筑文化的摒弃。

2. 城镇化热潮

中国的城市化进程已进展了许多年，大规模的城市建设在每个城市广泛铺开。当前的城镇化热潮正逐步向偏远地区延伸。在今天的西江，塔式起重机四处可见，水泥框架构造的房屋如雨后春笋般地涌现。在苗族鼓藏节中，穿着传统服饰的苗族人，手捧乐器，进行着一项项的祭奠仪式，人群外围是观光客。在不远的前方，颇具现代感的多层建筑正在建造，这一切与传统建筑形制形成强烈对比。

4.4
建筑营造相关要素

4.4.1　材料成本

在实际调研的过程中，参观正在建造的房屋，如图4-12所示。以建造传统四枋三间三层平地吊脚楼五柱四瓜的房屋为例，需要长柱32根，瓜柱20根，横梁40根，每一层建筑面积约80m²，全屋铺设木地板，建造成本计算见表4-6。

图4-12　在建房屋

表4-6　房屋建造成本计算（含人工）

项目	费用/万元	总计
水泥坎台	16	
木构框架	6	
围护板材	12	46万元
承重地板	10	
顶面瓦片	2	

在西江，山坡地带的房屋建造成本为底层沿街区域的 2~4 倍。传统房屋建造成本与当今房屋建造成本对比分析如图 4-13 所示。在山坡地带建造房屋所需的材料因道路原因，无法利用机械，包括木材在内的材料运送一律采用传统的牲口托运的方式。沙子的运输成本为 100 元/m³，水泥砖的运输成本是砖本身成本的 2~3 倍。在随后的房屋基础设施完善中，下水管道的铺设，及房屋内部卫生间的设置费用为 2000~3000 元/间。

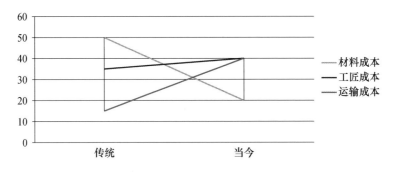

图 4-13　房屋建造成本构成比重分析

按当前西江人均月收入 2500 元，人均年收入 30000 元，每户劳动力人口 3 人计算，完成一栋房屋的建造需要花费一个家庭至少 10 年的积蓄。在原来的西江流传着这样一句话："一代人建房，两代人修"。如此看来，在当时落后的生产条件下，完成一栋房屋的建造会消耗至少三代人的精力。

以前，西江村民的房屋建造材料基本来自附近的山林，为了选取更好的原木，可以在雨季通过河道，完成木材的运输。如今，村寨人口增加，房屋建造数量增多，邻近的树木被砍伐殆尽，人们已无法在附近取得充足的木材资源。中国是树木人均资源占比极少的国家，加之近年环境气候恶化，政府出台了一系列禁止砍伐的政策，西江苗寨通体木质房屋的建造受到一定限制。

4.4.2　从业人才培养

苗族是一个没有自己文字的民族，其颇具特色的服饰，对西江传统文化有一定的记录功能。具体的技艺，如服装刺绣、银饰加工、房屋建造等多采用口耳相传的方式传承。

在西江特色文化的传承方面，人才的培养至关重要。传统技艺的传承，多采用师傅带徒弟的形式，通过不断实践完成。西江的建造活动一般选择在农闲时节。由于传统生活方式的改变，人们不再以土地耕作为主业，许多年轻人选择从事商业活动或外出打工，传统技艺面临后继无人的状况。建造房屋的木工师傅不仅要技艺高超，还需对西江传统的营造法式有深层次的了解。

梁木以往以枫木为主。梁木选定好后，需要向树神敬酒，且在伐木的过程中需要保证树木的倒向。在梁木运送的过程中，木材需整体悬空。在使用的过程中，还不能颠倒树木的生长方向。

房屋的组建过程较短，一般 2~3 天即可完成，其时间主要消耗在材料的准备和加工方面。在当前青壮年劳动力流失的背景之下，这对传统技艺的传承来说，是一项巨大的挑战。新型砖石建筑的构建方式快捷，给西江苗族传统建筑形制带来极大的冲击，同时给传统建筑技艺的传承带来空前的挑战。

4.5
建筑自身所存在的缺陷

4.5.1　舒适性分析

　　西江苗族深居山林，靠山吃山，房屋木料多来自山间森林，石材则多取自附近河道，如图4-14所示。原木需要去皮、晾晒，使用时锯成所需要的长度，基本用原木色，并不进行过多的表面处理。房屋色彩也多是木材原本的颜色或木材自然老化后的色泽，如图4-15所示。

图4-14　卵石堡坎　　　　　　　　　图4-15　建筑老化木质构件

　　房屋并无绝对稳固的地基，而是各个桁架通过穿带连接成一个整体，坐落在平整的地面即可。以前，房屋采用竹条等进行围合，现在多使用木板拼接。房屋顶部使用的屋瓦原来也多是村民通过村寨火窑土法炮制而成。民居一般四榀三间或五榀四间，分为三层：底层为牲畜饲养区；第二层为主要生活空间，是居民日常生活的主要场所，住宿、饮食、接客基本都在二楼完成；顶层阁楼区为储藏区，有时也做儿女居住区。

　　随着物质生活的提升和外来文化的冲击，西江苗族居民不免会对自己长期居住的居所进行深层次的审视，并进行优化。

西江民居建筑不够舒适主要体现在以下几个方面：

1. 不够合理的空间面积划分

在西江民居中，堂屋的面积最大，如图 4-16 所示，排在房屋各空间面积的首位，却是使用频率最低的区域。相对狭窄的生活区如卧房、储藏空间、起居室（火塘）相对狭小，给居民的生活带来极大的不便。

 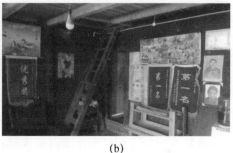

(a)　　　　　　　　　　　　　　(b)

图 4-16　民居堂屋空间

2. 较差的室内空气质量

房屋底层空间由于采光差，地面潮湿不便于人类居住或储藏粮食，为了得到更充分利用，多作为牲畜饲养区，其牲畜粪便等气味容易挥发至楼上，尤其是潮湿阴雨天，牲畜的气味更加强烈。虽然房屋二层的地板往往进行特殊的密闭处理，但木材材料本身密闭性欠缺，无法将牲畜气味完全隔离。将房屋底层用作牲畜饲养区的习惯至今还在村寨内存在，如图 4-17 所示。

图 4-17　建筑底层牲畜饲养区

房屋整体多采用木材建造，以往使用的梁木——枫木，常遭受霉菌的侵蚀，容易导致木材性能的降低。为了对建筑结构进行保护，其火塘间通常终年燃烧木材，一方面是为了保持房屋内部环境的干燥，另一方面是为了日常腊肉食材的制备。需要说明的是，苗族传统建筑内部并不设置集中的排烟系统，因燃烧木材产生的烟雾多通过房间顶部自由排出，这是苗族人民出于保护建筑木结构的需要。火塘顶部区域，因长时间熏染而发黑，不仅影响建筑内部的美感，而且影响室内空气质量。

3. 欠佳的防火、保暖、采光性能

（1）防火问题

防火一直是苗族人世代关注的问题，原因有两个：第一，由于血缘宗亲的关系，房屋多紧密相连，分布密度高，如遇火灾，将会造成大面积的烧损；第二，房屋建筑全部采用木材，在建筑装饰材料中，木材的易燃性能显著，尤其是在西江的干燥期，极易造成火灾。为此，在建筑防火性能方面，苗族的本质建筑需要更加重视。20 世纪 70 年代，西江曾有三分之一的房屋毁于火灾。在西江传统村落建筑的保护方面，防火问题值得特别关注。苗族先民对于村落的防火异常关注，并制定了严格的处罚措施。

（2）保暖问题

西江年平均温度约 15℃，最冷月能达到 −2 ～ −5℃，冬季相对较短，村民的冬天多围绕火塘度过。但是，当前的西江，传统的生活保障措施无法满足需要，建筑本身也不能实现很好的保暖，原因如下：第一，传统的房屋主体围护结构为竹条敷泥，纵然使用木板拼接，由于墙体厚度不够，且施工工艺相对粗糙，仍然无法有效阻挡冷空气的进入。第二，房屋的门窗多设置花格进行美化，在玻璃未曾大规模使用前，多使用纸张进行封闭，由于房屋常前后留门，加上密闭性不够，多易形成穿堂风，进而降低了室内的温度。

（3）采光问题

采光问题也是苗族居民比较关注的问题。在最新的问卷调查中，房屋的采光问题是当地居民重点关注的问题。由于处于大山深处且背靠大山，阳光照射的时间较短，而且不能对房屋进行大面积的照射。考虑到冬季保温、夏季防雨的需要，苗族民居一般不会设置大面积的窗户，加上房屋内部隔断的划分，房屋内部通常比较昏暗，如图 4-18 所示。

因此，房屋的保暖性、采光性和防火性是人们改善居住条件时十分关注的方面。

图 4-18　昏暗的房间内部

4.5.2　耐久性分析

过去的西江居民在生活上仅追求基本的温饱，对建筑结构与空间形式没有过多的要求。对木材的保养也主要通过烟熏保护。如今西江主干道边建设的房屋，室外根据情况每 1～2 年就要涂抹一次防护漆，防止虫蚁霉菌对木材的破坏，减缓木材的自然老化。在传统的村寨生活中，有限的人口流量，并没有对环境的承载力提出如此的要求，传统的建筑形制也基本能够满足居民的居住需求。随着旅游业的发展，建筑突破传统的家用功能而兼有商用或展览功能，高频率的人口流量、大规模的承重荷载加上相应的维护成本，传统建筑能否满足商业需要仍有待观察。

1. 木构房梁与混凝土梁体优劣对比分析

在以往，西江房屋建造主要使用杉木，这是由于当地拥有丰富的杉木资源，且杉木本身具有许多优点，垂直度高，且耐腐朽、耐老化。

随着社会的进步，西江人民视野不断开阔，对建筑材料也有了更广泛的认识。混凝土便是西江当前房屋中替代部分传统木材的主要材料之一。西江当前的房屋形式由传统的整体木结构向"一砖两木"的房屋材料格局演变。砖石、混凝土在新建的民居建造中使用颇为广泛。通过对当地村民的走访调查，其主要原因如下：

（1）出于防火的需要。作为不燃烧的混凝土以保护层厚度 1cm 为例，其耐火极限为 1.4h，防火性能大大优于杉木等木材。当前广泛使用的混凝土地基，如图 4-19 所示。

图 4-19　砖石混凝土地基

（2）出于防潮的需要。以用于商业服务的西江苗家乐为例，其底层空间多用于日常仓储和备餐，且客房卫生间需铺设下水管道，较之以往有更高的防潮性能要求，混凝土的优势不言而喻。

（3）为了提高承载性能。西江民居的堂屋多设置在二层，节日时接待的客人在 30 人以上，且居民家庭中的红白喜事也多是在堂屋举行仪式。木构的房屋，往往因为过大的人员承载，而不堪重负。因压力过载而变形开裂的杉木梁，如图 4-20 所示。底层采用混凝土建造，表面铺贴瓷砖，不仅可以使房屋得到美化，也能够大大提升房屋梁架的承载性能，增强房屋的稳定性。

图 4-20　过载变形的梁木

（4）为了提高生活质量。西江苗族吊脚楼的主体材料为木材，其建筑风格构成了西江苗族村落的主要风貌，并作为旅游资源进行广泛开发。2013—2014年，由于当地政府监管力度不够，在村民主导的房屋建设活动中，西江木结构房屋尤其是年代久远的房屋被大规模拆毁。虽然西江苗族吊脚楼是西江特色的体现，但为了提升生活质量，当地政府也允许底层使用混凝土材料进行建设。为了村寨风貌的维护，多使用杉木板进行包裹，实现风格上的统一及材料上的一致。

每年11月至次年4月，为西江建筑的修缮期，其房屋修缮数量由当地政府把控，每年下发30个名额。通过对当地人的走访调查，可以得出传统木材料与现代混凝土材料的优劣对比情况，如图4-21所示。

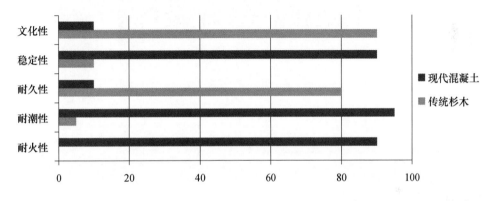

图4-21　传统木材料与现代混凝土材料对比调查分析

2. 防火与防腐

西江的传统建筑通体使用木材，且分布密集，防火性能极差。以杉木为例，其着火点在220～260℃，为易燃物，一旦失火将会产生连锁反应，造成不可估量的损失。

苗族先民很早就非常关注其房屋的防腐性能，并用烟熏法对房屋木材进行保护，如图4-22所示。木材的防腐性能与房屋的实用耐久性呈正相关。随着时间的增加，木材在潮湿富氧地区容易滋生霉菌，损害其内部的纤维素，随着纤维素含量的降低，木材的承载能力会随之降低，进而影响房屋结构的稳定性，导致年久失修的房屋倒塌损坏，如图4-23所示。

房屋的耐久性、承载能力、稳定性是保证满足更多游客频繁使用的基础，从防火防腐性能考虑，加上后期的维护成本，木材并无优势。一般而言，传统的房屋建造工艺，通常在偏远地区使用较多。

图 4-22   长时间烟熏的木材表面   图 4-23   腐朽的立柱底部

小结

　　西江的特色文化，源于人民的生活实践，并在此基础上被沿袭的宗教信仰、风俗礼节、建筑文化等所丰富。西江特色文化，是村民生活中各项综合因素共同作用的结果。西江的旅游开发，主导了村寨的发展变化，对西江的发展也会产生直接的影响。我们应立足现状进行思考，对人们的生活习性、政府政策、外来文化、技艺传承、建筑本体等进行分析，明确这些因素对西江文化变迁所产生的具体影响。为求西江随后发展中传统建筑"原真性"的沿袭，有必要对影响西江的各项弊害进行总结概括，并提出合理的建议。

5

西江苗族建筑文化保护
策略分析

5.1

政府政策保障

5.1.1　管理与法规

虽然中国的法制建设已逐步完善，但在建筑文化保护方面尚在摸索阶段。对此，我们应该多借鉴在整体景观、村落保护方面保护比较到位的国家。表5-1所列为日本文化遗产保护方面的相关条款。通过对他国法律制度建设的分析，结合中国当前的国情，制定能与中国村落发展相吻合的有效政策，有很大的必要性。

表5-1　日本文化遗产保护相关条款

类别	法规名称	主要内容	制定时间
有形文化财产	古器旧物保存法	对古代美术工艺品、古代建筑等31个门类有形文化财产进行登记保护	1871年
	古寺社保护法	对已经登记的古代美术工艺品、古代建筑发放补助金，确立国家认定制度	1829年
	国库保存法	国宝的保护对象扩大到城廓、住宅等民用建筑和其拥有的器物	1933年
	关于重要美术品等保护的相关法律	控制重要美术品向境外流失	
纪念物-埋藏文化财产	古坟发现发掘法	带有传说色彩的古坟不得挖掘	1874年
	人民私有地古坟发现法	确立古坟发掘申报制度	1880年
	遗失物法	与学术、考古学研究有关的器物被列入保护对象	1889年
	史迹名胜天然纪念物保存法	史迹、名胜、天然纪念物的指定制度	1919年

通过表 5-1 可知，日本的文化遗产保护具有分类明确、保护范围具体到位、制度建设完善长久等方面的特征。借鉴日本在这方面的经验和做法对中国落后农村地区的发展，制定行之有效的经济政策，优化落后的生产制度，有效改善传统落后的生活现状具有重大意义。对于中国特色的传统村落而言，前期经济政策的制定十分重要。稳健的经济基础是村落发展的有力保障。但是，经济基础的改变，往往会引起意识上的变迁。西江苗寨地区由于处于大山深处，在经济发展程度方面与现代的大都市有着极大的差距。但是，不能一味地为了经济上的发展，而对传统的基础性的东西进行全面否定和抛弃。落后的村落，往往拥有最为纯粹的建筑文化和生活体制，一味地追求发展，以及保护与传承策略的滞后，不仅会带来传统特色的淡化，还会加速其消亡。

2014 年下半年，西江当地的村委成立了房屋建筑保护委员会，统筹村寨建筑具体的保护工作。当前的保护措施主要如下：

（1）根据民居房屋的存在时间长短和房屋居住人口按年度发放文物保护资金；

（2）不能保持传统风格的主干道新建房屋，不发放文物保护资金；

（3）房屋局部翻新时，为保证房屋的整体色泽，新替换的材料由西江政府出资粉刷；

（4）只注重保护房屋外部形制，对房屋内部空间的改造不做要求。

如此的保护措施存在很多问题，如：

（1）商业核心区的房屋年租金为 10 万~30 万元，这一带的居民对西江政府保护资金的发放限制基本不在乎。

（2）偏远地区的居民，因房屋被纳入文化保护范围，大规模的房屋修缮活动被禁止，却享受与商业核心区同样的文物保护补贴，存在明显的分配不公。

（3）各个房屋是否符合传统、是否与传统建筑风格不符，并没有具体的条款规定，多由委员会主观评定，多会出现无法避免的盲目性。

西江是依托其颇具特色的文化而发展起来的，对西江特色文化的不重视，乃至抛弃，无疑会使西江的发展走入死胡同。当前，我们不仅需要在宏观政策上借鉴发达国家先进的法律制度和概念，还要对具体的实施法令进行完善和细化。西江少数民族地区需要吸取传统的经验，结合村民的观念，制定相关政策，并保证其有效落实。西江文化保护政策和法规，需要立足西江的整体情况保证各项法规的系统性，切实符合村民的生活需要，进而统一村寨居民的保护观念。

5.1.2　资金支持

　　西江苗寨是西江世世代代的劳动人民积累下来的文化财富，为了促进西江地区的发展，各级政府制定了一系列的政策，并产生一定的经济效益。据西江工商部门统计，2008 年旅游开发之后，随着接待游客数量的逐年增长，西江已成为雷山县的经济支柱，也是整个黔东南地区纳税额度最高的区域。西江资源属于国家，但西江的文化属于西江人民。我们在享有这些资源的同时，也需要为这些资源的保护采取相应的举措。

　　2014 年下半年，西江当地村委成立房屋建筑保护委员会，根据房屋的历史、维护情况及房内居住人口进行相应的保护津贴发放，基本金额为 1 万~2 万元/年。西江商业区的房屋对外出租费用为 10 万~30 万元/年不等，相对于偏远的山顶区，这无疑在西江房屋更新维护过程中，形成了村民持有资金的差异化。西江的资金保障政策应为多层次、全方位的保护政策。因为西江文化是整体统一的村落文化，而不是某个单体建筑或某条街道的文化。不能单纯的因为商业核心区域纳税额度高，而分配高额的补贴。这不仅会恶化村寨邻里关系，而且会扩大居民收入差距，进而在村落整体规模上，形成核心区建筑风格新颖与边缘区建筑破旧的差异。因此，全方位、多层次的资金保障政策尤为重要。

　　资金保障方面不仅涉及建筑保护，还涉及居民的生活保障体系。西江文化的形成，与当地村民有着密切的联系，正是村民的生活实践创造了特色苗族文化，并在发展的过程中不断丰富着西江的文化。政府应该立足于西江的特色，积极引导村民返乡创业，并积极为村民的创业提供教育培训、技术指导和资金保障。西江的文化，起源于当地人民对生活的改造，丰富于人民的业余闲暇。苗族文化是苗族人特有的文化，只有保障苗族人民在后续的时间有充裕的能力和时间丰富西江的文化，西江文化的发展才能够更加长远。

5.2

村民意识促进

5.2.1　文化自信

　　苗族的发展历史没有完整的文字记录，其文化传承主要通过口耳相传。如此说来，西江地区的文化，更大程度是深藏于人民心中的意识文化。在外来文化的冲击下，西江村民需要有坚定的文化自信和强烈的民族自豪感。西江的文化是衍生于原始社会时期的文化，是苗族人民千百年来的总结积淀。对于当前正在努力建设特色社会主义的中国，对中国特有文化的保护，有着重要意义。作为拥有特色文化的西江人民，无须为外在的世俗文化所惊叹，应深刻认识、认可自我的文化价值。

　　（1）西江苗族文化产生于原始社会时期的黄河中下游地区，千百年来一直能够顺势常变常新，不断丰富，是苗族人民的骄傲。

　　（2）西江苗族文化是中国土生土长的文化，是中国现存的为数不多的传统文化，是中华文明的重要组成部分。

　　（3）西江苗族的特色文化，如服饰文化，最为光彩夺目，其服装不仅款式新颖，而且装饰手法丰富多彩。

　　作为西江文化的创造者，西江人民需要有充分的文化自信，通过将自身融入苗族文化的生产实践活动中，推动苗族文化的发展。

5.2.2　文化创新

　　西江人民在当前情形下，虽然依托原有的文化资源，能够享受发展旅游业带来的优渥生活。但是苗族文化是发展中的文化，任何时候都不能停滞不前。苗族文化在演变过程中广泛吸取汉族等其他民族和区域的文化优点，不断滋养自我，形成了当前需要的文化形式。西江的苗族文化源于农耕传统，且服务于西江人民日常生活的文化。生活环境的变化使人民的生活意识不再局限于山林之内，也不再拘泥于片片田野，自我意识也与外界形成广泛的交融。西江传统的文化，在当前并不能满足广大人民的需要。那些不合时宜的文化也多处于被废弃的边缘。任何地域的文化，如要保持其特有的鲜活性，都需要依托当前的生活态势进行发展。西江文化如需保持发展活力，就需要不断地推陈出新，创造出当前能够满足人民精神文化需求的文化。这需要苗族人对当前现状进行积极思考，并不断地付诸实践。

（1）对于苗族的传统文化，精华部分必须保留。文化可以变可以丰富，但是文化的精髓和内涵绝对不可以被废弃。西江的传统文化是西江特色维持和发展的基础。就如一栋房子一样，没有了强有力的基础，就无法谈到后期的稳固和发展。

（2）对于外来的文化，要时刻保持一个清醒的认识，不能不加分析地全盘接收。外来文化中也有迂腐的成分，应该去其糟粕，为我所用。西江特色文化的保持和维护，需要苗族人民立足自我，丰富自我，发挥出属于自我的特色，而这些需要苗族人民不断地努力创造和维持。

5.3
技艺传承队伍建设

5.3.1　人才培养

在以往，西江的传统技艺，如建筑技艺、银饰加工和刺绣技术等，一般都采用师徒、父子相传的形式口耳相传，并在实践中发展。

1. 建筑技艺

据统计，当前依靠传统建造工艺生存的工匠还有不少，技艺的传承多半仍依靠父子相传或师徒相传。在传统的房屋建造的过程中，工匠只需要三样手头工具就可以完成一栋房屋的建造，一般都是师徒共同参与建设项目，建造队伍也能够在师傅的带领下不断得到历练和强化。西江苗族建造房屋多由业主自由选择工匠。一些大家公认的技艺好且多子多孙的工匠会博得更多农户的青睐。现代机械加工作业广泛流行，传统工具被束之高阁，手工技艺面临消失的危险，建造行业的门槛随之降低，这直接降低了建造行业工匠的整体水平，房屋具体的施工细节方面也产生了粗糙滥制的局面。

2. 银饰加工

苗族崇尚白银装饰，银饰加工在苗族人的传统产业中具有重要地位。对于任何一个待嫁闺中的苗族姑娘来说，拥有一套完整的银饰都是一件极为兴奋的事情，也能够体现出其父母的尊严。在西江重要的节日或庆典中，苗族女性都需要穿戴银饰参与文娱祭祀活动，这成为苗族银饰加工行业发展的基本保障。苗族的银饰装饰丰富，一直保持着传统的手工制作方式，而且技艺的传承也多限制在父子之间。银饰加工是西江特色的手工工艺，倍受游客喜欢，这大大促进了苗族银饰加工行业的快速发展。但在发展的同时，现代加工工艺也对纯手工的传统饰件打造技法形成了巨大挑战。

3. 刺绣技法

刺绣技法是西江女性必备的生活技能。西江苗族崇尚自由恋爱，苗族姑娘以开朗的性格不断展现着自我的魅力。一般少女都穿着由自己亲手织绣的衣服参加活动，通过织绣工艺来展现自己的心灵手巧，以博得意中人的欣赏。苗族少女的刺绣工艺，多由其母亲亲手教授。刺绣是苗族女性传统业余生活的主要部分。旅游业的发展，将苗族精美的刺绣工艺展现在众人面前。苗家刺绣是中国文化艺术品中的瑰宝，并在第一次申遗过程中被评为国家文化遗产。图 5-1 所示展品为苗族传统的织布刺绣机械。但是，随着人们休闲娱乐方式的多样化，刺绣不再是苗族姑娘主要的业余生活。同时，机械绣花的便捷性也直接淡化了人们对苗族刺绣的关注度。纵然当前刺绣技术能够在很大程度上实现机械化，但对于传统的苗家手工刺绣作品而言，并非机械生产能够达到的水平。

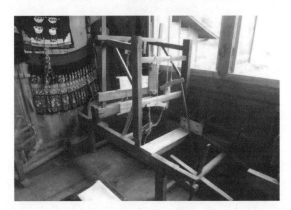

图 5-1　传统织布刺绣机械

　　生活的便捷化以及人们业余生活的不断丰富，使传统的手工作业不再成为居民主要的休闲生活内容。随着就业种类的增多，对于需要付出更多精力和耐心的传统技艺，许多青少年表示不会过分重视。同时，由于传统的苗族刺绣服装不再是苗族少女生活中的重要服饰，其刺绣技艺也在少女群体中淡化下来。西江青少年群体对传统技艺的看法如图 5-2 所示。

　　所有的这些变化，直接关系到我们对西江特色工艺人才的培养，要求我们需要以长远发展的眼光来看待这个问题。首先，为了维持西江技艺的活态传承，可以对一些兴趣爱好者进行培养，进而使西江的技艺呈现多元化的发展。其次，西江传统技艺之所以出现传承危机，多数是因为传统技艺不能满足人们较高的生活水平。当地政府或就业管理部门可以积极发挥当地的特色工艺优势，推进工艺的产业化，形成规模化的产业，推动西江特色的工艺产品走向更广阔的市场，走向国际。当前西江教育水平低下，西江苗寨内仅有小学一所，中学一所，整个中学也仅有学生 100 人左右。低层次的文化教育水平，造成村寨居民无法真正意识到民族特色文化的价值。通过有效的教育教学，提高村寨居民素质，使其摆脱小农思想，对苗族文化精髓的保留与发展必定有着积极的促进作用。

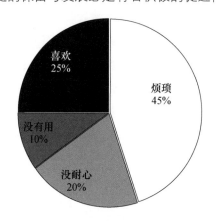

图 5-2　西江青少年群体对传统技艺的看法

5.3.2　技法备案

西江的各项传统工艺，如房屋建造等，并没有完备的技法备案措施，其原因如下。

（1）西江苗族没有自己的文字，传统技艺通过口耳相传的形式传承，当地的工匠凭借以往的经验，根据房屋地基的基本形式就可以在脑海中形成基本的房屋构建形式。一些学者通过对西江建筑的研究，实现了西江苗族建筑的图纸化，但就具体的问题请教当地的工匠时，工匠却无法看懂图纸。

（2）西江苗族自古就没有文官、史官之类的职能人员，在技艺备案方面没有意识，而且一直持续到现在。

（3）时至今日，苗族人的整体文化程度仍然不高，保护意识也极为落后，加之缺乏相关技能，也并无较好的手段对传统的技艺进行备案。

随着社会的发展西江苗族传统技艺必将发生改变，甚至会因为技艺传承后继无人而消失。因此对其传统技艺进行备案，有着重大的意义。

（1）通过对传统技艺进行备案能够对具体的技艺方法进行明确定义，并在随后的发展过程中形成整套的技法理论，而不会在使用的过程中对传统的技法进行全盘抛弃。

（2）对传统技法进行详细记录，能使西江等地的特色文化在更广的范围内传播，在得到更多人欣赏的同时，也同样会吸引更多的爱好者参与研究，从而促进文化的传承。

（3）苗族没有自己的文字和记录，苗族服饰的刺绣反映了苗族千百年的迁徙历程和宗族信仰，为其相关技法备案，能够在随后的发展历程中，在文字图像意义上实现西江文化的追溯与直观展现。

随着西江人民文化程度的提高和更多现代技术处理手段的出现，对于传统手工工艺进行详细记录，不再是难题。对于技法备案方面所存在的问题和需要填补的空缺，则需要投入更多的精力进行完善。

5.4
建筑性能优化

5.4.1　材料性能优化

在西江传统建筑的保护过程中，房屋在性能方面的可靠性一直是人们关注的问题。对于防火的问题，由于苗族居民对火的使用具有较强的依赖性，自古以来都有着严格的管控方式。如雷山县大唐镇新桥村，为了更好地降低火灾可能带来的财产损失，居民多将粮食放置于河边的"水上粮仓"，以求在火灾发生时，能够迅速灭火，保证家庭生活物资。至于山坡上的居民，因不能临水，对于火灾的预防并没有完备有效的应对方案，具体措施是在山坡处修建给水池，在方便平时生活用水的同时，还能够在火灾发生时获得充足的水源以供灭火。

由于处于山麓地带，充足的森林资源为西江人民的房屋建设提供了有效的材料保障。苗族的整体木结构房屋，因为气候潮湿，其承重结构的立柱底部常发生虫蛀和霉变，影响房屋结构的稳定性，如图5-3、图5-4所示。传统的防治措施比较落后，常在室内使用烟熏，以驱赶房梁中的蛀虫。长时间的烟熏造成房屋内部梁木板材变色，直接影响室内环境的美感。房屋外立面基本采用木材加工而成的素板围合，并不进行过多的表面加工修饰，长时间的雨淋日晒，建筑外表面往往呈暗棕色，如图5-5所示。随着当前房屋更新周期的加快，加上对房屋局部区域的修缮，新材与旧材的对比强烈，颇显不协调，如图5-6所示。

随着现代科学技术的发展，木材防火、防腐方面的技术有了较大程度的突破。可以通过材性改良技术，对木材的性能进行优化，以更好地适应其所处的环境。对于长时间立于潮湿环境的承载立柱，可以通过有效的防腐措施进行材性优化。

木材防腐技术在世界范围内得到广泛关注。在中国，对于传统木结构建筑的保护，更是引起了相关领域学者的广泛重视。木材防腐措施多涉及木材表面的处理工艺，如油漆涂饰、表面碳化处理。对于木材内部的有害细菌，也多采用长时间浸渍，隔绝氧气进行扼杀的形式。基于木材表面的防腐处理，并不能有效防止材芯的腐朽，材芯的腐朽同样会造成木材性能的降低。西江地区建筑使用的木材主要是杉木，对于腐蚀较严重的区域进行相关影响因素分析，通过专家学者的研究对西江建筑用木材的防护进行一系列的试验验证，会使得房屋立柱的耐久性有很大的提升。

图 5-3　立柱底部损坏

图 5-4　立柱中部损坏

图 5-5　老化褪色的民居

图 5-6　建筑新材料和旧材料的对比

5.4.2　空间设计优化

西江建筑形制是千百年来苗族人民生活的选择。苗族建筑当前的建造形式是苗族先民立足环境资源、地理形态、生活需要等综合因素而作出的创造，其构造形式对当时的苗族居民来说具有很强的实用性。现代文化的渗透，使苗族人民感受到了砖石、混凝土建筑所具有的优越性能。问卷调查的数据表明，在自我意识主导下的房屋建设工程中，80％以上的居民会在自家房屋的重新建设中选择使用新材料，其房间的格局也会根据生活需要作出调整。

恍然入世的西江苗寨与高速发展的现代社会之间不免出现极大的反差。西江的发展是西江居民世代探索积累的结果，现代城市文明则是商业经济的结果，两者本质上存在不同。西江现在的发展成绩，完全得益于西江特色，在大规模的城镇化浪潮中如不能保持自身特色，对于地理位置欠佳的西江而言，将无法实现可持续发展。西江传统建筑，与现代建筑相比有许多缺点，如采光、防潮、保暖、隔音等问题。对于传统村落的保护，要在动态发展中保护，不仅要保护村落当前的形制，还要考虑生活在其中的劳动人民如何很好地生存下去。传统村落也同样会发展，对于西江民居现存的问题应进行积极合理的设计优化。

1. 空间分布

在西江苗族传统的建筑空间中，根据使用频率由高到低可划分为起居室、厨房、堂屋、卧室，而房屋面积则是堂屋最大，火塘次之，包括储藏区在内，卧室、厨房面积比较狭小。堂屋空间如图5-7所示。随着生活的富裕和储藏空间的欠缺，使得卧室空间的需求排在了功能需求的前列。对于传统建筑的格局，可以在不摒弃传统生活习惯的基础之上，进行合理划分。

图5-7　西江苗族建筑堂屋空间

苗族存在较多礼仪，需要较大的面积来接待众多的客人，堂屋后的储物间可以与堂屋空间合并，并利用后窗优化堂屋内部的采光。

基于生活便捷的需要，西江苗寨民居建筑并没有集中的储藏区，居民多将不常用的物件置于阁楼，如图5-8所示。因为底层空间不再饲养牲口，人们多将使用频率高的工具放置在底层。由于底层兼做房屋入口，不免显得杂乱无章。鉴于当地多数居民发展农家乐的需要，应划分专门的储藏区，以提高房屋内部的整洁性。

图5-8 阁楼空间

2. 室内环境问题

在西江传统生活中，牲畜占据着重要地位，由此导致人畜共用一栋房屋的布局。在这种情况下，房屋内部充满了牲畜的异味。对此，可以将牲畜区迁出设置，划分整体牲畜饲养区。随着生产工具的现代化，牲畜在农耕活动中不再是主要劳动力，对于尚存的牲畜，可以在村落中划分出一定的饲养区，进行集中饲养，这样能够很好地解决牲畜粪便污水的综合处理问题。如此，室内底层的空间可以腾出，用于放置居民的生活器具等物品，优化室内环境，提高居民生活质量。

对于另一室内环境污染源——火塘，在传统的村落生活中，占据重要位置，是农户家庭生活的中心区域，而且小规模的会客、餐饮活动也多在这个空间内完成。火塘文化是苗族文化重要的组成部分，当前新建造的房屋，多会把火塘区取消，以求更大的生活空间和更优异的生活环境。火塘区的存在，在苗族邻里关系方面具有重要作用。对此，可以通过排烟系统、使用清洁型的生物质能源或无烟煤炭等对火塘区进行优化。木材的防腐问题可以通过对木材进行性能优化来解决，借此充分发挥火塘区感情交流的功能。

3. 室内采光

西江地区天无三日晴，为了更好地防雨防潮，传统民居多使用狭小的窗户，仅仅用于日常通风。传统的西江民居，窗户花格上也通常会采用纸张进行封闭，这是在玻璃材料未使用前广泛采用的一种形式。装饰材料的日益丰富为西江农户的改造提供了很好的物质基础。西江苗族建筑的窗户，在西江传统的民居建筑中，是艺术性较高的部位。如果为了获得更好的采光性能，而对传统的窗户进行大面积的更换，或将整个墙面处理成落地窗，无疑是失败的，这将直接改变西江传统建筑的外部格局。西江吊脚楼多背靠山地，受房屋内部隔断和房屋朝向的影响，房屋内部通常比较黑暗，如火塘间在白天使用的过程中也常需要人工照明。对于那些狭小的窗户，可以在以往形制的基础上合理地扩大，而且在房屋侧壁开窗及使用透光材料获得天光，这样既不影响整体外观，又能获得更多的自然光，不失为一项有效的举措，如图5-9、图5-10所示。

图5-9　屋顶透光板　　　　　　　　　图5-10　建筑侧壁窗

4. 施工工艺优化

西江的各项技艺多为居民自我摸索而来，包括木构房屋的建设在内，房屋的各项施工与设计多由木匠完成，所以对木匠本身的专业素养提出了较高的要求。西江地区的木匠并没有受过严格的技艺培训，也没有相应的工艺标准，技术的传承也多是师徒相传，加上苗族居民对房屋并没有过高的要求，因此房屋的具体施工节点往往不够考究。对于同样的材料消耗，不完备的施工工艺所带来的视觉粗糙，给游客带来居住条件差的感受，如图5-11所示。加之，受木材本身性能和不完备的施工工艺的限制，房屋在隔声、保温、耐久性方面都有所欠缺。随着上海至凯里、广州至凯里的高铁陆续开通，远道而来的游客对西江民居的施工工艺提出了较高的要求。对于房屋建造、装修过程中施工工艺的控制和对工匠技法的改进，需要通过系统性的指导来完成。

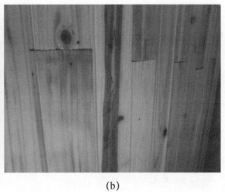

(a)　　　　　　　　　　　　　　　　　(b)

图 5-11　粗糙的施工工艺

小结

　　与前文分析的主导西江发展现状的各项因素相对应，为寻求西江特色的可持续发展，对各项主导因素进行针对性地分析很有必要。不同于以往的西江，新形势主导下的西江，面对前所未有的问题，常采用政府宏观指导，旅游公司具体管理，当地村民配合的发展模式。

　　本章采用实地调研法和问卷调查法展开研究，通过对主导西江发展的政府政策、村民行为、文化传承、技术保障、设计优化进行分析，为西江的发展提供有效的应对策略。作为少数民族落后地区，村民自身的局限性无法有效主导村落的整体发展，政府政策的制定与实施，对西江的发展具有深远的意义。西江是在中国大规模旅游政策付诸实施后开发的村落，对此，国内并无充足的经验，只有通过借鉴相关领域有效经验，使得旅游开发与文化保护并进，才能有效保证特色西江的可持续发展。作为文化主体的西江苗族人民，如何凭借自身对苗族文化的熟知程度，发挥自我能动性，在传承传统西江文化精髓的同时，随着社会的发展，创造出迎合当前社会大众需要的新文化，不断地进行文化创新，丰富当前的文化体制，是需要思考的问题。传统西江的发展，是村民自我意识主导下的自我文化创造，往往缺乏全面而具体的认识，继而导致发展过程中步入误区。当前的西江逐步融入国家经济体，通过合理的技术应用、有效的设计规划，对于西江的发展能够起到积极的促进作用。

　　传统的西江是村寨综合因素映射下所产生的西江，当前西江的发展与演变是各项综合性因素的结果，对于主导西江发展的因素，只有通过系统的认识和分析，才能够有效促进西江的可持续发展。

6

结　语

随着众多村落的快速消亡，有着千年文化的传统村落也同样处在被时代取舍的边缘。在中国经济发展程度不断趋向饱和之时，如何才能呈现中国特色，上至国家，下至百姓都在进行积极思考。对于中国传统的文化发展与保护，需要以辩证的观点来看待。中国千百年来的发展源自中国传统的文化，中国特色社会主义的建设也同样需要从这些独我拥有的传统文化里寻找自我。对于传统文化中不符合当前人民精神需要的成分应摒弃，但对于中国传统文化的精髓部分则应当保留。

西江有着悠久的文化传统，颇具特色的苗族文化由世代生活在此的劳动人民创造，并维持着苗族人民共有的和谐生活。浓郁的风情在这里展现，神秘的信仰被人民宣扬，立于此地的苗族建筑更是融合了西江众多的文化内涵，渲染了整个村寨的环境氛围。

处于大山深处的西江苗寨，经历了长久的历史积淀，其特色文化，也来自当地居民的不断摸索和创造。随着西江的不断开发，如何才能保护西江的文化精髓是一个重大课题，本书立足于中国最大的苗族村寨——"西江千户苗寨"，通过积极的调研和综合性的分析思考，得出以下结论。

（1）相比以往西江自组织的发展模式，由政府宏观指导村民主动参与的发展模式更为有效。

（2）西江千户苗寨的建筑景观与其独特的文化紧密相关，对建筑景观的保护需与其独特的文化保护相贯通，才能保证西江村落整体的鲜活性。

（3）西江建筑从为民所用变为为商所用，加之材料种类的更新及产业的变更，西江建筑文化需立足传统特色，并融合当前生活需要进行合理优化。

（4）西江房屋的建设与维护技术源自村民传统生活实践中的摸索创造。在房屋材料处理、使用和保护等方面，国内外相关专家学者对本地工匠和保护部门进行指导，对于房屋建筑性能的提升具有重要作用。在中国旅游业大发展的背景下，西江千户苗寨被充分挖掘出来，我们在享有这些文化资源的同时，不能只做文化消费者，应积极地通过社会实践，努力保护中国的特色文化。

参考文献

［1］厉套 . 胶东传统村落环境保护性设计研究［D］. 哈尔滨：哈尔滨理工大学，2018.

［2］王齐 . "村镇型"文物保护单位保护规划编制问题研究［D］. 天津：天津大学，2017.

［3］黄丹 . 苗族建筑符号的审美价值研究［D］. 长沙：湖南大学，2011.

［4］秦川 . 可持续发展的天津城市空间战略研究［D］. 天津：南开大学，2011.

［5］王全康 . 山地传统聚落经济功能提升路径研究：以重庆安居古镇、石泉苗寨为例［D］. 重庆：重庆师范大学，2017.

［6］李佳曦 . 福建省社会主义新农村宜居环境规划研究［D］. 福州：福建农林大学，2011.

［7］周连华 . 中国现代化进程中古村落保护所面临的问题及应对措施［J］. 山东艺术学院学报，2014（4）：78-80.

［8］林祖锐，韩刘伟，王帅敏，徐礼江 . 基于有机更新理论的古村落整治规划探究：以阳泉市西郊村古驿道街为例［J］. 城市建筑，2019，16（14）：6.

［9］杨帆 . 杭州西湖风景名胜区玉泉景中村的乡土景观研究［D］. 杭州：浙江大学，2016.

［10］张春然 . 新农村建设中的古村落保护问题研究［D］. 保定：河北农业大学，2009.

［11］陈态祥 . 科学合理规划新农村建设［J］. 中国科协年会，2006.

［12］林舒玲 . 普通村落乡土建筑保护更新设计实践：金寨县吴家店华润希望小镇［D］. 天津：天津大学，2016.

［13］罗求生，曾文静，李和平 . 血缘型传统村落的关联性保护与发展研究：以宁波新张俞村为例［J］. 2018 中国城市规划年会，2018.

［14］曹迎春，张玉坤．"中国传统村落"评选及分布探析［J］．建筑学报，2013（12）：6.

［15］杨佩．切莫割裂乡土中国的精神脐带［J］．协商论坛，2013（3）：15-16.

［16］杨佳音．河北省蔚县历史文化村镇建筑文化特色研究［D］．天津：河北工业大学，2012.

［17］倪明．国家历史文化名城空间发展研究［D］．苏州：苏州科技学院，2008.

［18］张小辉．海南省新农村建设背景下传统村落的保护与整治规划研究［D］．海口：海南大学，2013.

［19］何峰．湘南汉族传统村落空间形态演变机制与适应性研究［D］．长沙：湖南大学，2012.

［20］李玉梅．河南省农村公路网规划与评价［D］．西安：长安大学，2006.

［21］陈琛，顾雪莲，陈洁．民族旅游开发下黔东南苗寨民居嬗变探析：以西江、朗德苗寨对比分析为例［J］．住宅科技，2014，34（9）：4.

［22］王家骏．黔东南苗寨：和谐的人居空间［J］．资源与人居环境，2005（11）：3.

［23］谢谦．贵州黔东南西江千户苗寨"跳花"的研究［D］．北京：中央民族大学，2012.

［24］罗琪．浅析乡土景观的综合开发［J］．大众文艺，2010.

［25］王林．民族村寨旅游场域中的文化再生产与重构研究：以贵州省西江千户苗寨为例［J］．贵州师范大学学报，2013（5）：72-78.

［26］王丹．旅游开发与民族文化保护研究：基于西江千户苗寨的个案分析［D］．贵阳：贵州大学.2010.

［27］王宪昭．论中国少数民族神话母题的流传与演变［J］．理论学刊，2007（9）：5.

［28］王文丽．父子连名与西江苗族文化［D］．上海：上海师范大学，2005.

［29］曾元春．广义文字学视阈下的苗族服饰纹样研究［D］．青岛：中国海洋大学，2013.

［30］刘文杰，黄杰斌，覃荣益．西江千户苗寨：近是者悦远者来［J］．广西城镇建设.2014（10）：106-113.

［31］罗晓庆．原汁原味的千户苗寨［J］．中国西部，2015（7）.

[32] 费中正．现代化进程中西江苗族的社会转型与生活方式变迁：以乡村旅游开发和手机使用为主要线索的研究［D］．武汉：华中科技大学，2012.

[33] 陈雪英．西江苗族"换装"礼仪的教育诠释［D］．重庆：西南大学，2009.

[34] 王怡然．党的七千人大会与民生建设［D］．曲阜：曲阜师范大学，2011.

[35] 吴沛丽．旅游影响下西江千户苗寨村落群社会结构及其功能时空演变与机制研究［D］．贵阳：贵州师范大学，2016.

[36] 卢云．黔东南苗族传统民居地域适应性研究［D］．贵阳：贵州大学，2015.

[37] 黄玉冰．浅析黔东南雷山县西江镇苗族刺绣的艺术性［D］．苏州：苏州大学，2007.

[38] 杜成材．地域文化视野下的资源类型研究：以西江千户苗寨为例［J］．青岛职业技术学院学报，2011，24（1）：4.

[39] 谢云中．论贵州西江千户苗寨木结构建筑的审美特点与文化内涵［J］．湖北美术学院学报，2014（2）：137-139.

[40] 邵技新，张凤太．贵州农村自我发展模式探析［J］．成都工业学院学报．2014，17（3）：4.

[41] 万旋傲．电视与乡村社会政治权威合法性的变迁研究：以贵州省雷山县西江苗寨为例［D］．武汉：华中科技大学，2011.

[42] 植凤娟，岑晓倩．黔东南州苗族民居建造技术分析及探讨［J］．黑龙江科技信息，2017（1）：1.

[43] 周慧．贵州传统民居建筑的环境自然生态观［J］．贵州民族研究，2007，27（3）：3.

[44] 梅军，肖金香．黔东南苗族传统民居建筑中的生态观［J］．景观研究：英文版，2010（1）：4.

[45] 杨晟．东部方言区苗族传统纹样的装饰性和审美性研究［D］．重庆：西南大学，2018.

[46] 何吉成，徐雨晴．对铁路选线涉及的景观保护区法规的解读［J］．中国园林．2010（3）：4.

[47] 张秀省，黄凯．风景园林管理与法规［M］．重庆：重庆大学出版社，2013.

[48] 陈秀红．生态旅游促进立法研究［D］．湘潭：湘潭大学，2011.

［49］傅林放．略谈旅游者权利分类及体系［J］．旅游学刊，2013，28（8）：4.

［50］郭伟锋，曹蒙，胡蓓．贵州特色旅游业国际化发展方向探索［J］．中国经贸 2015（19）：38-39.

［51］郑茹．贵州水族地区环境保护问题研究—以行政法为视角［D］．贵阳：贵州大学，2009.

［52］凌照，周耀林．我国非物质文化遗产保护政策的推进［J］．忻州师范学院学报，2011，27（3）：6.

［53］郑磊．控制性详细规划中的程序失范与制度改良［J］．昆明理工大学学报：社会科学版，2013，13（6）：7.

［54］曹琰．建设工程质量法律制度研究［D］．济南：山东大学，2012.

［55］张建伟．健全权力机关、司法机关和公众的环保问责机制［J］．中国环境法治，2007（1）：8.

［56］田艳．中国少数民族文化权利法律保障研究［D］．北京：中央民族大学，2007.

［57］张红．少数民族文学艺术表达形式知识产权保护之现状与对策：以贵州省为例［D］．贵阳：贵州大学，2010.

［58］李依霖．少数民族非物质文化遗产的法律保护研究［D］．北京：中央民族大学，2013.

［59］侯娜．完善我国自然灾害救助体系问题研究［D］．长春：东北师范大学，2011.

［60］蔡科云．从倾斜到平衡：我国城乡规划法治的现在时态与未来期待［J］．华中科技大学学报（社会科学版），2013，27（3）：118-124.

［61］JOHANSSON E. Influence of Urban Geometry on Outdoor Thermal Comfort in a Hot Dry Climate：A Study in Fez，Morocco［J］．Building and Environment，2006，41（10）：1326-1338.

［62］何景明．边远贫困地区民族村寨旅游发展的省思：以贵州西江千户苗寨为中心的考察［J］．旅游学刊，2010（2）：7.

［63］刘仕瑶．苗族古村落在旅游开发中的原真性价值研究［D］．长沙：湖南大学，2013.

［64］唐宽．农村砌体房屋危险性分析及处理方法研究［D］．长沙：湖南大学，2011.

［65］徐泽晶．火灾后钢筋混凝土结构的材料特性、寿命预估和加固研究［D］．大连：大连理工大学，2006.

［66］毛进．西江苗寨旅游开发与苗族古歌变迁［J］．贵州师范学院学报．2010，26（3）：5

［67］金镐杰．韩国无形文化遗产保护经验及亟待解决的课题［J］．文化遗产，2014（1）：15

［68］彭文平，肖继辉．制度变迁过程中的关联效应［J］．湘潭大学社会科学学报，2000，24（1）：48-48.

［69］莫山洪．西江文化的多元性及其在东部产业转移中的意义［J］．梧州学院学报，2010，20（2）：5.

［70］张伟．试论文化自信与文化产业发展［J］．四川文化产业职业学院学报，2009（4）：4

［71］方鸣亮．探究提高灭火救援指挥能力的若干思考［J］．科技资讯，2014（9）：1.